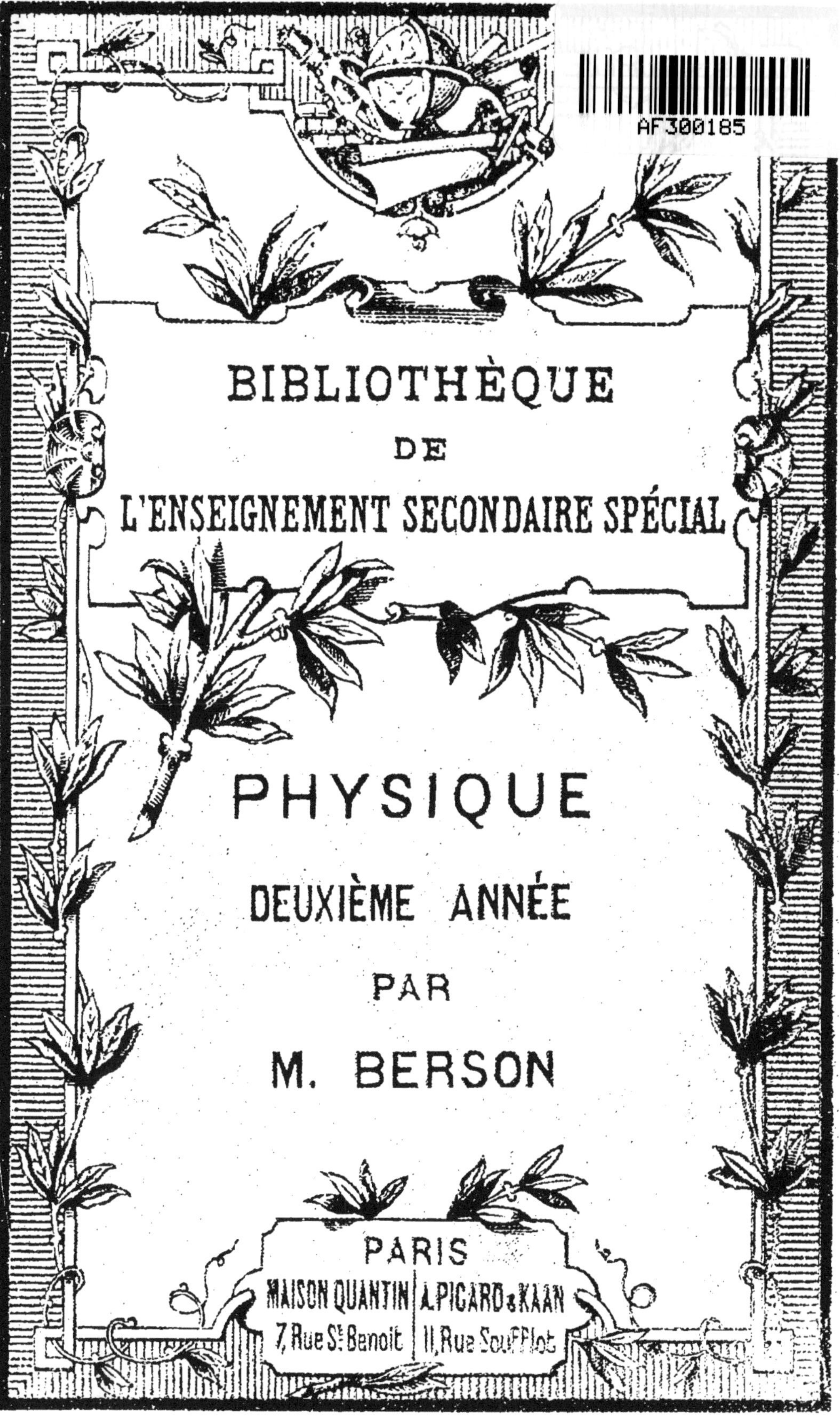

BIBLIOTHÈQUE
DE
L'ENSEIGNEMENT SECONDAIRE SPÉCIAL

PHYSIQUE

DEUXIÈME ANNÉE

PAR

M. BERSON

PARIS

MAISON QUANTIN
7, Rue St Benoît

A. PICARD & KAAN
11, Rue Soufflot

COURS DE PHYSIQUE

DEUXIÈME ANNÉE

DEUXIÈME ANNÉE

COURS

DE

PHYSIQUE

PAR

G. BERSON

Ancien élève de l'École normale supérieure, Agrégé des sciences physiques
Docteur ès sciences
Chargé d'un cours à la Faculté des sciences de Toulouse

Ouvrage conforme au programme du 10 août 1886

PARIS

MAISON QUANTIN
7, RUE SAINT-BENOIT

A. PICARD & KAAN
11, RUE SOUFFLOT

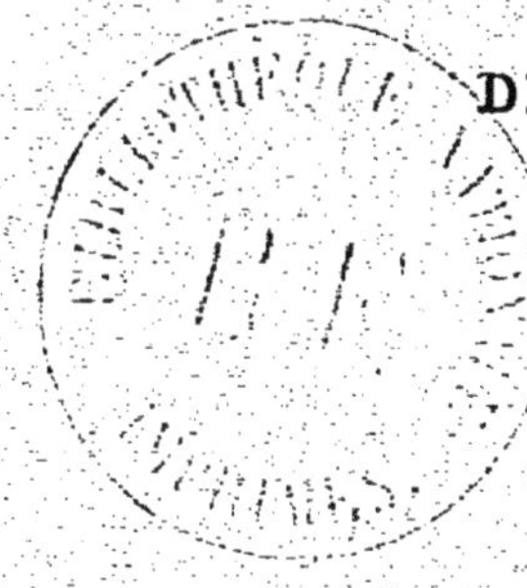

NOTIONS PRÉLIMINAIRES

Matière. — On apelle *matière* tout ce qui tombe sous nos sens. L'existence de la matière nous est révélée par nos divers organes, qui nous permettent d'étudier ses propriétés.

On donne le nom de *corps* à toute portion limitée de matière. Ainsi un caillou, une masse d'eau, une bulle de vapeur sont, dans le langage scientifique, des corps.

Divers états de la matière. — La matière se présente à nous sous trois états différents : l'état solide, l'état liquide et l'état gazeux.

Certains corps, lorsqu'on les déplace; lorsqu'on les renverse, conservent la même forme. A moins qu'on n'exerce sur eux des pressions considérables ou qu'on ne les chauffe ou les refroidisse, ils gardent un volume invariable. Si, d'autre part, on a réussi à les déformer, on peut constater que généralement, lorsque la cause qui les déformait cesse d'agir, ils ne reprennent pas rigoureusement leur forme primitive, ce qu'on exprime en disant qu'ils sont imparfaitement élastiques. Les corps jouissant de ces propriétés sont des *corps solides* : le fer, la pierre, le bois sont des solides.

D'autres corps, au contraire, tendent toujours à s'étaler et prennent la forme des vases dans lesquels on les place. Ils présentent une surface qui les limite à la partie supérieure. Leur volume est invariable sous les mêmes conditions que celui des solides. Mais ils sont parfaitement élastiques, c'est-à-dire que si, par un effort énergique, on est parvenu à les comprimer légèrement, ils reprennent exactement leur volume primitif dès que l'effort est supprimé. On les appelle des *corps liquides :* l'eau, le vin, l'alcool, le mercure sont des liquides.

Enfin, dans une troisième catégorie de corps, la forme est variable comme chez les liquides ; elle est toujours la même que celle du vase qui les contient. Mais, quelque grand que soit ce vase, ils le remplissent toujours complètement. Leur volume dépend donc uniquement de la grandeur du récipient dans lequel on les introduit. Le moindre effort suffit pour les comprimer. Ils sont de plus, comme les liquides, parfaitement élastiques. Ces corps sont appelés *gaz :* l'air atmosphérique, les bulles de vapeur qui se dégagent du fond d'une eau bouillante, l'acide carbonique qui s'échappe de l'eau de Seltz sont des gaz.

Hypothèse sur la constitution des corps. — Tout ce que les savants ont appris sur les propriétés des corps les porte à croire que la matière est composée de particules très petites, auxquelles ils ont donné le nom de *molécules* ou *d'atomes,* séparées les unes des autres par des espaces vides. Imaginons un tas de sable dont les grains seraient trop petits pour être distingués, même avec le secours des plus puissants microscopes; imaginons de plus que ces grains ne se touchent pas entre eux : nous aurons ainsi une représentation facile à saisir de la constitution de la matière.

Dans les solides, les molécules sont à peu près fixes les unes par rapport aux autres : la force qui les maintient ainsi porte le nom de *cohésion.* Dans les liquides et dans les gaz, les molécules se déplacent facilement, roulent sans frottement sensible les unes autour des autres, d'où le nom de *fluides,* qui s'applique à l'ensemble des liquides et des gaz.

Porosité. — Les espaces vides qui séparent les molécules sont les *pores intermoléculaires* et la propriété que possède la matière de présenter des pores est appelée *porosité.* Il ne faut pas confondre ces pores intermoléculaires, qui ne sont pas perceptibles à nos sens, avec les interstices de grande dimension qui existent dans certains corps désignés sous le nom de *substances poreuses.*

La porosité de beaucoup de solides se met facilement en évidence. Ainsi, certains marbres s'imbibent rapidement d'huile sans augmenter de volume ; c'est donc que les molécules d'huile se sont glissées entre les molécules du marbre sans les écarter et que par conséquent elles y ont trouvé des espaces vides. De même on emploie aujourd'hui, comme filtres, des tubes en porcelaine dont les molécules livrent passage entre elles, sans se déplacer, aux molécules d'eau. Les métaux même se laissent traverser par les liquides et par les gaz.

Réaumur, pour montrer la porosité des liquides, versait de l'eau jusqu'à la moitié d'un vase et le remplissait ensuite avec de l'alcool, en gardant les précautions nécessaires pour que les liquides restent séparés. Puis il agitait le vase pour produire le mélange des liquides ; il constatait immédiatement que le volume diminuait. Il en a conclu naturellement qu'un certain nombre de molécules d'alcool avaient trouvé place dans les pores de l'eau et réciproquement.

Compressibilité. — Quand on exerce une pression sur un corps, on diminue les dimensions des pores intermoléculaires et par suite le volume du corps. Cette propriété de la matière est la *compressibilité*, qui n'est, comme on le voit, qu'une conséquence de la porosité. Elle appartient à tous les corps, solides, liquides ou gazeux. Considérable chez les gaz, elle est faible dans la plupart des solides ; elle existe aussi chez les liquides, mais à un degré si peu élevé qu'il faut des expériences très précises pour la constater.

Élasticité. — Lorsque les causes qui ont déterminé la compression d'un corps ou la déformation d'un solide cessent d'agir, les molécules reviennent vers leur position naturelle. Cette propriété est nommé *élasticité*. Chez les fluides, nous avons dit que l'élasticité est parfaite, c'est-à-dire que les molécules reprennent exactement leur position initiale. Chez les solides, pourvu que la déformation n'ait pas dépassé une certaine limite qu'on nomme *limite d'élasticité*, les molécules reviennent encore vers leur position primitive, mais elles restent généralement un peu en deçà, ce qui nous a fait dire que les solides sont imparfaitement élastiques. Lorsque, du reste, on a dépassé la limite d'élasticité, il se produit une rupture, ou bien encore les solides conservent une déformation permanente : c'est dans ce dernier cas que l'on se place lorsqu'on diminue par la filière le diamètre d'un fil, ou lorsqu'on passe au laminoir une barre de fer pour la transformer en plaque.

PESANTEUR

CHAPITRE I

I. — DIRECTION DE LA PESANTEUR

Existence de la pesanteur. — Lorsqu'on saisit un corps pour le soulever, on éprouve une certaine résistance et on est obligé de développer un certain effort comme si le corps était tiré de haut en bas ; si du reste on vient à abandonner à lui-même le corps soulevé, il se met en mouvement vers le sol.

Notre esprit n'admet pas qu'il se produise rien sans cause visible ou invisible. On a donné le nom de *force* à toute cause capable de produire un mouvement, et, dans le cas présent, cette force a reçu le nom de *poids du corps*. La propriété générale de la matière qui fait que les corps ont un poids est appelée *pesanteur*.

Tous les corps sont soumis à l'action de la pesanteur, c'est-à-dire que si on les place au repos en un lieu quelconque de l'espace et si on cesse de les supporter, ils tombent jusqu'à ce qu'ils rencontrent un obstacle qui s'oppose à la continuation de leur mouvement. Il existe cependant des exceptions apparentes qui tendraient à nous faire croire que certains corps ne sont pas pesants : ainsi, un bouchon de liège plongé dans l'eau remonte vers la surface au lieu de tomber au fond ; un ballon s'élève dans l'air au lieu de se précipiter vers le sol. Mais, comme nous l'étudierons en détail dans la suite, lorsqu'un corps est entouré d'un fluide, ce fluide tend à soulever le corps et à l'éloigner du sol ; si cette dernière action est plus forte que celle de la pesanteur, le corps se mettra en mouvement de bas en haut; c'est ce qui arrive pour le morceau de liège dans l'eau et pour les ballons dans l'air ; c'est le contraire pour le liège dans l'air. — Nous ne nous occuperons pour le moment que des cas où le mouvement se fait vers le sol.

F

Direction de la pesanteur. — Le premier problème que nous devons nous proposer, relativement à la pesanteur, c'est de rechercher dans quelle direction s'exerce son action. Cette détermination se fait au moyen du *fil à plomb* (fig. 1) : c'est un fil F suspendu par l'une de ses extrémités à un point fixe et portant à l'autre un petit corps pesant P, comme une balle de plomb ou un morceau de laiton. Lorsque le fil à plomb est au repos, il est clair que la pesanteur est détruite par la résistance du fil ; donc cette force et le fil agissent directement dans le sens contraire l'un de l'autre : par suite, la pesanteur est dirigée suivant le prolongement du fil à plomb.

P

Fig. 1.

Fil à pomb.

Cette direction de la pesanteur en un lieu donné est appelée *verticale*. Toute droite qui lui est perpendiculaire est une *horizontale;* tout plan qui lui est perpendiculaire est un *plan horizontal.*

Lorsqu'on installe plusieurs fils à plomb au voisinage, ils semblent parallèles entre eux. La direction de la verticale serait donc la même en divers lieux, au moins lorsque ces lieux sont peu distants l'un de l'autre. Mais on démontre que les prolongements de ces fils à plomb concourraient au centre de la terre ; s'ils nous semblent parallèles, c'est que leur point de rencontre est très éloigné de l'endroit où nous les considérons. L'angle formé par les verticales en deux lieux différents est donc d'autant plus grand que ces lieux sont plus éloignés l'un de l'autre ; les savants ont des procédés rigoureux pour mesurer cet angle et vérifier qu'il a bien son sommet au centre du globe terrestre.

Attraction universelle. — Les corps que nous observons se comportent donc comme s'ils étaient tirés par des cordons aboutissant tous au centre de la terre. C'est en observant la chute d'une pomme du haut d'un arbre que Newton eut l'idée d'attribuer la chute des corps à une attraction que la terre exercerait sur eux. Cette idée est admise aujourd'hui par tout le monde. Elle a même été généralisée et étendue à toute la matière qui peuple l'univers. Dans cette théorie, une portion quelconque de matière attire toute autre portion de matière avec une force d'autant plus grande que l'une et l'autre sont plus voisines et que leurs masses sont plus considérables. Un physicien anglais, Cavendish, a pu constater et mesurer cette attraction entre des boules métalliques ; la présence d'une grosse montagne attire la petite masse pesante qui termine le fil à plomb et fait prendre au fil une direction qu'il n'aurait pas si la montagne disparaissait. Enfin, les astronomes, en observant les mouvements des astres, ont pu vérifier qu'ils s'attirent entre eux de la même façon que la terre attire les corps placés à sa surface. On peut donc dire que la pesanteur n'est qu'un cas particulier de l'*attraction universelle.*

II. — CENTRE DE GRAVITÉ

Équilibre d'un corps soutenu par un fil. — On dit qu'un corps est en équilibre, lorsque les diverses forces qui le sollicitent et qui, agissant séparément, pourraient le mettre en mouvement, le laissent au repos quand elles agissent ensemble. — On sait qu'on peut maintenir un corps pesant au repos en le suspendant à l'extrémité d'un fil dont l'autre extrémité est fixe. Nous avons dit, à propos du fil à plomb, que dans ce cas la pesanteur agit sur le corps pour le tirer suivant le prolongement inférieur du fil. On pourrait donc remplacer le poids par un fil qui tirerait le corps vers le centre du globe terrestre et qui serait dans le prolongement du fil de suspension ; il suffirait de fixer ce fil fictif en un point quelconque du corps qui serait sur ce prolongement.

Centre de gravité. — Si on suppose un corps de forme invariable, muni d'un certain nombre de crochets, et si on le suspend successivement par des fils fixés à ces différents crochets, on peut constater que les prolongements de tous ces fils vont se rencontrer en un même point. Donc, quelle que soit la position du corps, le fil vertical fictif dont la tension remplacerait le poids du corps passerait toujours par ce point. Ce point est appelé *centre de gravité* du corps. *Le centre de gravité d'un corps est donc le point auquel est constamment appliqué son poids.*

Détermination expérimentale du centre de gravité. — Nous verrons plus loin, dans l'étude des conditions d'équilibre des corps pesants, qu'il est souvent utile de connaître la position du centre de gravité d'un corps. On peut toujours la déterminer par l'expérience.

Pour cela, il suffit de suspendre le corps successivement par deux de ses points (fig. 2). Nous venons de dire que les prolongements des fils de suspension, quand le corps est en équilibre, vont se rencontrer au centre de gravité.

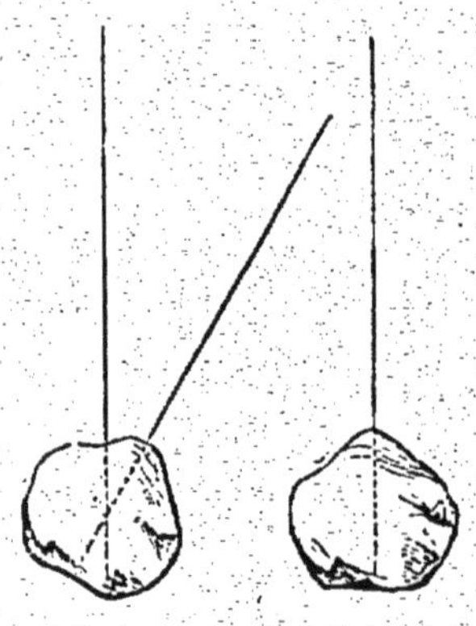

Fig. 2.
Détermination expérimentale du centre de gravité.

Équilibre des corps. — La connaissance du centre de gravité permet de prévoir la position d'équilibre que prendra un corps placé dans quelques conditions simples.

1° Considérons d'abord le cas d'un solide soutenu par l'un de ses points. Soient A ce point et G le centre de gravité. Plaçons le solide de telle façon que la verticale passant par le centre de gravité G passe aussi par le point fixe A ; il est clair que le corps sera en équilibre, puisque son poids appliqué au point G tend à l'entraîner dans la direction A G et que le point A est fixe. Pour toute autre position du corps il y aura mouvement. -

Entrons dans plus de détails encore. Si le point G est au-dessous du point A, comme dans la figure 3, on voit que, si on dérange un peu le corps de sa position d'équilibre, son poids appliqué en G' le ramène vers cette position autour de laquelle il oscille longtemps jusqu'à ce qu'il arrive au repos.

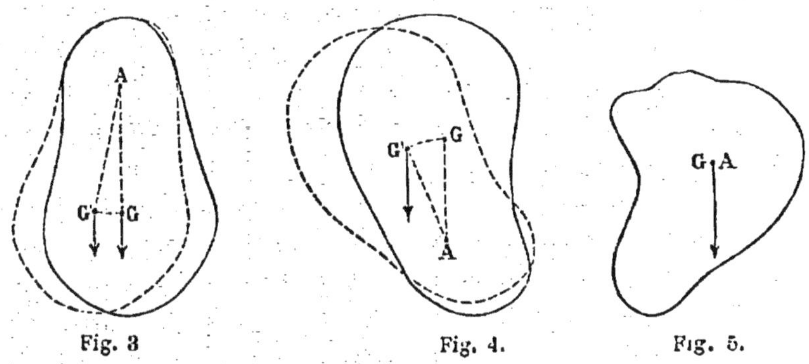

Équilibre d'un corps suspendu par un point fixe.

On dit dans ce cas que l'équilibre est *stable*. — Si le point G est au-dessus du point A (fig. 4), l'équilibre est dit *instable*. Lorsqu'on dérange légèrement le corps de cette position pour amener G en G' par exemple, on voit que le poids appliqué en G', au lieu de ramener le corps vers la première position, l'en éloigne jusqu'à ce que, après de nombreuses oscillations, le corps ait pris la position de la figure 3. — Dans le cas particulier où les points A et G seraient confondus, c'est-à-dire où le corps serait suspendu précisément par son centre de gravité (fig. 5), il est clair qu'il serait en équilibre dans toutes les positions possibles. On dit alors que l'équilibre est *indifférent*.

2° Lorsqu'un solide est assujetti à tourner autour d'une droite horizontale, on voit facilement, en reprenant les mêmes raisonnements, que la condition d'équilibre est que la verticale passant par le centre de gravité rencontre l'axe de suspension. L'équilibre peut être encore stable, instable ou indifférent, comme dans le cas précédent.

3° Considérons enfin le cas d'un solide reposant sur un plan horizontal par un certain nombre de ses points. Si nous joignons entre eux ces points d'appui de façon à former un polygone qui n'ait pas d'angles rentrants, nous aurons ce qu'on appelle la *base de sustentation*. On démontre en mécanique que la condition d'équilibre est que la verticale du centre de gravité tombe à l'intérieur de la base de sustentation.

Fig. 6.   Fig. 7   Fig. 8.

Position d'équilibre d'un homme portant un fardeau.

— Lorsqu'un homme est debout en équilibre sur le sol, la base de sustentation est la figure formée par les contours extérieurs des pieds et par les deux lignes droites joignant les talons et les extrémités antérieures des pieds. Pour que l'homme ne tombe pas, il faut toujours que la verticale de son centre de gravité tombe à l'intérieur de cette figure ; cette condition sera d'autant plus facilement réalisée que la base de sustentation sera plus grande et que, par suite, les pieds seront plus écartés. — Si un homme porte un fardeau, il est amené à incliner son corps du côté opposé au fardeau (fig. 6), afin que la verticale du centre de gravité du système formé par l'homme et le fardeau ensemble tombe encore à l'intérieur de la base de sustentation. Ainsi un homme qui porte une valise de la main gauche (fig. 7) incline le buste et étend même le bras libre vers la droite ; s'il porte un fardeau sur le dos (fig. 8), il s'incline en avant, etc.

Parmi les positions d'équilibre que peut prendre ainsi un corps reposant sur un plan horizontal, il y en a pour lesquelles l'équilibre est stable, d'autres pour lesquelles il est instable. L'expérience et la théorie sont d'accord pour affirmer que l'équilibre est stable lorsque le centre de gravité est le plus bas possible. Dans les *poussahs* (fig. 9), le centre de gravité est tout au voisinage de la paroi inférieure ; aussi quand on vient à les incliner, ils reviennent d'eux-mêmes à leur première position pour s'y maintenir après un certain nombre d'oscillations. De même le petit jouet qu'on nomme *équilibriste* (fig. 10), et qui tient dans ses mains un fil de fer dont les extrémités recourbées vers le bas portent des balles de plomb, est en équilibre debout sur la pointe d'un de ses pieds ; si on l'incline, l'action de la pesanteur le ramène à la position primitive.

Fig. 9. — Poussah.

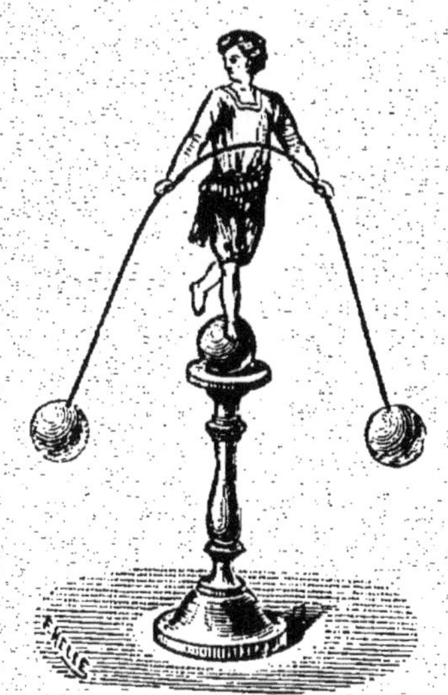

Fig. 10. — Équilibriste.

III. — LOIS DE LA CHUTE DES CORPS

1re Loi. — Prenons d'une main une balle de plomb, de l'autre une feuille de papier étendue horizontalement, et laissons-les tomber au même instant de la même hauteur ; nous pouvons voir que la feuille de papier met beaucoup plus de temps à atteindre le sol que la balle de plomb ; nous pouvons même constater qu'au lieu de tomber verticalement, elle fait quelques zigzags. Si maintenant nous recommençons la même expérience avec les mêmes corps, mais après avoir froissé et roulé la feuille de papier, de manière à en faire une boule d'une grosseur à peu près égale à celle de la balle de plomb, la durée de la chute est sensiblement la même pour les deux corps.

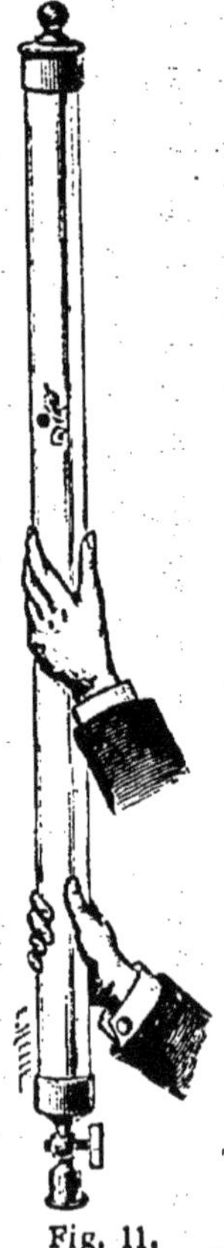

Fig. 11.

Tube de Galilée.

Nous nous expliquerons facilement ces phénomènes si nous remarquons que les corps en tombant doivent chasser devant eux ou écarter l'air qui est au-dessous d'eux. La feuille de papier étendue éprouve donc de la part de l'air une résistance beaucoup plus grande que lorsqu'elle est roulée en boule, quoique la pesanteur agisse sur la même quantité de matière. Le fait de la résistance de l'air au mouvement des corps, surtout s'ils présentent perpendiculairement à la direction du mouvement une large surface, est remarqué de tout le monde. Qui ne sait que, si on veut courir avec un parapluie ouvert, on éprouve une difficulté qui disparaît en grande partie dès que le parapluie est fermé ?

Il semble résulter de notre seconde expérience que, si on laisse tomber de la même hauteur des corps de nature différente contre lesquels l'air résiste faiblement, ces corps ne se séparent pas notablement pendant toute la durée de leur chute. Galilée l'a constaté depuis longtemps en laissant tomber ensemble, du haut d'une tour, des boules de substances diverses ; ces boules s'accompagnaient constamment du haut en bas de la tour et arrivaient au sol presque au même instant. — Cette loi pourra se vérifier avec une rigueur à peu près absolue, si on fait disparaître l'air qui résiste au mouvement des corps : l'expérience consiste à placer dans un tube de verre d'environ deux mètres de longueur, dit *tube de Galilée* (fig. 11), fermé à un bout et muni d'un robinet à l'autre bout, une petite balle de plomb, un petit morceau de liège ou de papier, une barbe de plume, puis à enlever au moyen d'une *machine pneumatique* l'air qui remplit ce tube ; si on retourne brusquement cet appareil, le plomb, le liège, le papier, la plume tombent aussi vite les uns que les autres; l'expérience réussit d'autant mieux que le vide a été fait plus complètement dans le tube.

On énonce généralement cette loi de la façon suivante: *tous les corps tombent avec la même vitesse dans le vide.*

2e Loi. — Il nous suffira donc d'étudier la chute d'un seul corps. Voici ce que l'on constate, quand on se met à l'abri de la résistance de l'air :

Pendant 1 seconde, l'espace parcouru dans la chute est de $4^m,9$
 — les 2 premières secondes —   —   — $4^m,9 \times 4 = 4^m,9 \times 2^2$
 —   3   —   —   —   — $4^m,9 \times 9 = 4^m,9 \times 3^2$
 —   4   —   —   —   — $4^m,9 \times 16 = 4^m,9 \times 4^2$

Donc, pour avoir l'espace parcouru pendant un certain nombre de secondes, à partir du commencement, il suffit de multiplier $4^m,9$ par le carré de ce nombre de secondes. On dit que *les espaces parcourus sont proportionnels aux carrés des temps employés à les parcourir.* — On pourra calculer la hauteur d'un édifice en mesurant le temps qu'une pierre met à tomber du sommet sur le sol.

CHAPITRE II

Poids. — Balance. — Poids spécifique

Poids. — Nous avons appelé *poids d'un corps* la force due à la pesanteur qui tire ce corps vers le centre de la terre. Nous avons déterminé la direction de cette force en un lieu donné, direction que nous avons appelée *verticale de ce lieu*; nous avons aussi défini et déterminé le point d'application de cette force et nous l'avons appelé *centre de gravité*. Il nous reste à mesurer la grandeur de cette force pour chaque corps.

Mesurer une quantité, c'est la comparer à une autre quantité de même espèce que l'on appelle *unité*. L'unité ordinairement employée, c'est le *gramme*, c'est-à-dire le poids d'un centimètre cube d'eau à 4 degrés centigrades. La comparaison des forces se fait généralement au moyen d'un petit appareil nommé *dynamomètre*. On a des dynamomètres de formes très variées, dont la construction repose toujours sur l'élasticité des métaux. Tout le monde connaît le *peson* (fig. 12), constitué par une lame d'acier recourbée en deux branches formant un angle; à chaque branche est fixé un arc métallique passant dans une cavité pratiquée dans l'autre branche et terminé par un crochet; l'un des crochets sert à

Fig. 12.
Peson à ressort.

suspendre le dynamomètre à un point fixe. à l'autre on applique la force que l'on veut mesurer : les deux branches se rapprochent alors, et de la grandeur de ce rapprochement on déduit la grandeur de la force; car on a tracé préalablement sur les arcs métalliques des traits indiquant les flexions produites par des forces égales à 1, 2, 3, ... unités.

Malheureusement, si on suspend le même corps au même dynamomètre en différents lieux de la terre, on constate que la flexion n'est pas rigoureusement la même. Le poids d'un corps est donc variable avec le lieu. Il est un peu plus petit sur le sommet des montagnes qu'au fond des vallées. Il va en croissant à mesure qu'on s'éloigne de l'équateur terrestre pour se rapprocher des pôles.

Poids relatif. — Mais si, en chaque lieu, on graduait de nouveau le dynamomètre, on trouverait constamment le même nombre pour le poids du corps ; car les causes qui agissent pour diminuer ce poids de $\dfrac{1}{1000000}$ de sa valeur, par exemple, diminuent de même de $\dfrac{1}{1000000}$ le poids d'un centimètre cube d'eau : il est évident alors que le poids d'un corps contiendra toujours le même nombre de fois le poids d'un centimètre cube d'eau. On est convenu d'appeler *poids relatif* d'un corps le poids de ce corps mesuré avec une unité qui serait le poids d'un centimètre cube d'eau distillée à 4 degrés, au lieu dans lequel on effectue la mesure.

Description de la balance. — La *balance* sert à déterminer les poids relatifs. La pièce principale de la balance est

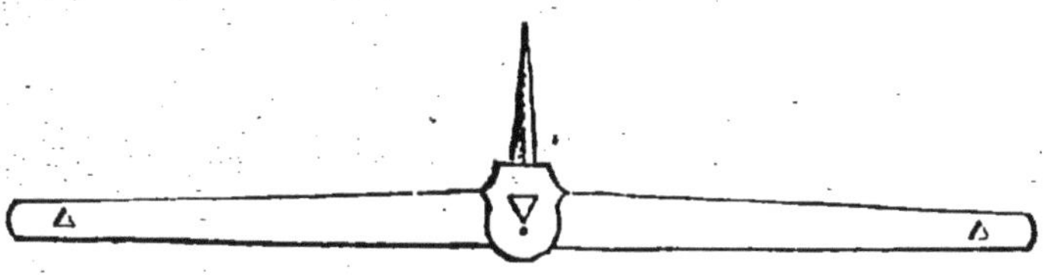

Fig. 13. — Fléau d'une balance.

une longue barre d'acier que l'on appelle *fléau* (fig. 13); elle est traversée en son milieu par une petite tige d'acier présentant une arête vive à sa partie inférieure et nommée *couteau*. Le couteau repose par ses extrémités sur deux petits plans d'acier fixés à la colonne qui sert de support général à l'appareil. Le fléau peut ainsi se mouvoir librement autour de la droite que forme l'arête du couteau. A chaque extrémité du fléau est suspendu, par l'intermédiaire d'un crochet et de trois chaînettes, un plateau (fig. 14). La ligne droite qui joindrait les deux points de suspension des plateaux, et que l'on fait toujours passer par l'arête du couteau, est appelée *ligne du fléau*, et les distances de ces points au couteau *bras du fléau*.

Au milieu du fléau se dresse perpendiculairement une aiguille dont l'extrémité se meut devant un petit arc de cercle faisant partie de la colonne qui porte le fléau. Cet arc de cercle est gradué : on a marqué zéro au point où s'arrête l'aiguille quand le fléau est horizontal, puis, de part et d'autre, les chiffres 1, 2, 3, ... qui permettent d'apprécier l'inclinaison du fléau quand on charge les plateaux.

Toute balance est accompagnée d'une collection de poids marqués. Ce sont des masses métalliques, en fer pour les gros poids, en laiton pour les poids moyens, en platine pour les petits. Chacune d'elles porte l'indication du nombre de grammes ou de fractions de grammes dont se compose son poids.

Pesée ordinaire. — Pour déterminer le poids d'un corps, on le place dans un des plateaux de la balance et on met dans l'autre plateau des poids marqués en quantité convenable pour que l'aiguille revienne au zéro de la graduation. La somme de ces poids marqués est alors égale au poids du corps.

En employant cette méthode de pesée, on admet que la balance est *juste*, c'est-à-dire que le fléau se met en équilibre dans la position horizontale quand on place des poids égaux dans les deux plateaux.

Conditions de justesse. — Supposons d'abord la balance vide. Nous voulons que la ligne du fléau soit horizontale quand l'équilibre se produit. Or nous savons que, lorsqu'un corps suspendu par un axe horizontal est en équilibre, la verticale passant par son centre de gravité rencontre l'axe de suspension. Il faudra donc ici que le centre de gravité de la partie mobile, c'est-à-dire du système formé par le fléau et les plateaux, soit sur une perpendiculaire menée par le couteau à la ligne du fléau.

Mais nous voulons que le fléau soit encore horizontal quand nous chargeons les plateaux de poids égaux. On peut vérifier que cela n'aura lieu que si les deux bras du fléau ont des longueurs rigoureusement égales ; si ces deux longueurs sont inégales, il faut placer à l'extrémité du bras du fléau le plus court un poids plus grand pour produire l'horizontalité.

Les conditions de justesse d'une balance sont donc :

1° Que le centre de gravité de la partie mobile soit sur une perpendiculaire menée par le couteau à la ligne du fléau ;
2° Que les bras du fléau aient des longueurs égales.

Réalisation des conditions de justesse. — Pour réaliser ces conditions, le constructeur cherche à fabriquer la balance de deux moitiés aussi identiques que possible placées de part et d'autre du couteau. S'il y réussit, il est clair que les deux bras du fléau auront la même longueur et que le centre de gravité de la partie mobile sera dans le plan commun aux deux moitiés identiques, et, par suite, la perpendiculaire abaissée de ce point sur la ligne du fléau tombera sur l'arête du couteau.

Vérification de la justesse. — Toutefois il est difficile, même à un constructeur habile, de satisfaire rigoureusement à ces conditions. Aussi, avant d'accorder crédit à une balance, doit-on toujours vérifier préalablement sa justesse.

Il faut d'abord constater que l'aiguille se met au zéro quand la balance est vide. On place ensuite un corps quelconque sur l'un des deux plateaux, puis on charge l'autre de fine grenaille de plomb jusqu'à ce que l'aiguille marque zéro. Cela fait, on mettra la grenaille sur le premier plateau et le corps sur le second ; si le fléau reste horizontal, c'est que les

deux bras du fléau sont égaux. Si, en effet, ils étaient inégaux,
il aurait fallu d'abord mettre du côté du bras le plus court un
poids plus grand que de l'autre côté pour amener le fléau à
l'horizontalité; donc, quand on change les poids de place, le

Fig. 14. — Balance de précision.

poids le plus grand se trouverait suspendu au bras le plus
long et le fléau ne serait plus horizontal.

Double pesée. — Borda a imaginé une méthode de pesée
qui porte son nom et qu'on appelle aussi méthode de la *double
pesée*. Elle permet de déterminer exactement le poids d'un
corps au moyen d'une balance qui n'est pas juste.

On place le corps dans l'un des plateaux, puis on met de
la grenaille de plomb dans l'autre jusqu'à ce que l'aiguille
vienne s'arrêter devant une division quelconque de la gradua-

tion : c'est ce qu'on appelle *faire la tare*. On enlève ensuite le corps et on le remplace par des poids marqués, de telle façon que l'aiguille reprenne rigoureusement la même position. Il est évident alors que la somme des poids marqués et le poids du corps sont des forces égales; on n'a, en effet, touché à la balance que pour substituer la deuxième force à la première, et ces deux forces ont produit la même position d'équilibre.

Sensibilité d'une balance. — Lorsque les deux plateaux d'une balance sont chargés et que le fléau est horizontal, si on vient à ajouter à l'un des plateaux un petit excès de poids, le fléau s'incline, et il s'incline d'autant plus que le poids ajouté est plus grand. On cherche toujours à faire en sorte que, pour un même excès de poids, l'inclinaison soit constamment la même, quelle que soit la charge des plateaux. La théorie montre qu'il faut alors que la ligne du fléau rencontre l'arête du couteau : nous avons supposé cette condition remplie dans la construction de la balance.

Supposons maintenant deux balances chargées et leurs fléaux horizontaux; ajoutons le même excès de poids à l'un des plateaux de chaque balance : en général, les deux fléaux s'inclineront inégalement. La balance dont l'inclinaison est la plus grande est dite *plus sensible* que l'autre. Une balance est donc d'autant plus sensible que, pour un même poids ajouté à l'un des plateaux quand le fléau est primitivement horizontal, l'inclinaison du fléau est plus grande.

La théorie nous apprend et l'expérience vérifie qu'une balance est d'autant plus sensible que le fléau est plus long et plus léger et que son centre de gravité est plus voisin de l'axe de suspension.

On a coutume d'évaluer la sensibilité d'une balance en cherchant le plus petit poids possible qui produise une inclinaison appréciable à l'œil, quand on ajoute ce poids à l'un des plateaux chargés. Un milligramme suffit-il, on dit que la balance est sensible au milligramme. On a des balances sensibles au demi-milligramme et même à des poids moindres.

On ne peut pas utiliser les balances très sensibles pour

peser de forts poids, parce que le fléau long et très léger serait déformé par des charges trop grandes et que la ligne du fléau ne passerait plus par l'arête du couteau.

Poids spécifiques. — Lorsqu'on pèse des volumes égaux de diverses substances, on trouve des poids différents : ce qu'on exprime généralement en disant que l'or est plus lourd que l'argent, le fer plus lourd que le bois, le mercure plus lourd que l'eau, etc.

On appelle *poids spécifique* ou *densité* d'un corps le poids en grammes d'un centimètre cube de ce corps.

Il résulte de cette définition que l'on peut calculer facilement le poids d'un corps quand on connaît son volume et son poids spécifique. Supposons, en effet, un corps dont le volume soit de 2 mètres cubes et dont le poids spécifique soit égal à 3. Nous ferons le raisonnement suivant : si 1 centimètre cube du corps pèse 3 grammes, 2 mètres cubes, c'est-à-dire 2 millions de centimètres cubes, pèseront $2.000.000 \times 3$ grammes ou 6 millions de grammes. Nous déduisons de là la règle suivante : *le poids d'un corps exprimé en grammes est égal au produit de son poids spécifique par son volume exprimé en centimètres cubes.*

Inversement, quand on connaît le poids d'un corps et son poids spécifique, on peut calculer son volume par une simple division. Ce volume en centimètres cubes est le quotient du poids en grammes par le poids spécifique. Ainsi, le volume d'un corps de densité 2,5 et dont le poids est de 80 grammes sera de $\dfrac{80}{2,5} = 32$ centimètres cubes.

Remarquons que le poids spécifique de l'eau est égal à 1; nous avons dit déjà, en effet, que le gramme est le poids d'un centimètre cube d'eau. Par conséquent, la densité d'un corps est plus grande que l'unité si ce corps est plus lourd que l'eau, plus petite que l'unité dans le cas contraire.

CHAPITRE III

Hydrostatique des liquides

Définition. — Nous avons vu que les fluides sont caractérisés par la mobilité de leurs molécules les unes par rapport aux autres. Cette propriété entraîne un certain nombre de conséquences qui vont faire l'objet de notre attention. *L'hydrostatique* est l'étude des conditions d'équilibre des fluides. Comme les fluides se divisent en liquides et en gaz, nous diviserons l'hydrostatique en deux chapitres : dans le premier, nous étudierons les propriétés des liquides en équilibre ; dans le second, les propriétés des gaz également en équilibre.

Constitution des liquides. — Les liquides sont des corps présentant très peu de cohésion ; leurs molécules se déplacent les unes par rapport aux autres sous le moindre effort, de sorte que ces corps se moulent dans les vases qui les contiennent. Mais nous savons qu'ils présentent à leur partie supérieure une *surface libre*, c'est-à-dire une surface qui ne touche pas les parois du vase, si leur volume est plus petit que la capacité du vase supposé fermé. Rappelons encore qu'il faut des compressions très considérables pour diminuer légèrement le volume d'un liquide : cette diminution est toujours si faible dans la pratique qu'on peut ne pas en tenir compte dans les raisonnements et considérer les liquides comme incompressibles.

Surface libre. — La surface libre d'un liquide est un

plan horizontal. Supposons, en effet, pour un moment qu'il y ait des ondulations : les molécules supérieures, sollicitées par leur poids, glisseront sur les autres et viendront se placer dans les creux jusqu'à ce que la surface soit *plane et horizontale.* On peut, du reste, vérifier expérimentalement ces deux propriétés.

On sait que, si on place un objet devant un miroir, on obtient une image dont les dimensions sont égales à celles de l'objet quand le miroir est plan, et différentes de celles de l'objet si le miroir est courbe. Or, lorsqu'on regarde dans l'eau tranquille d'un ruisseau, on aperçoit en vraie grandeur les images des objets qui bordent les rives ; donc la surface libre est plane.

D'autre part, si on approche une règle oblique de la surface d'un liquide au repos, on voit que son image forme avec elle un angle d'autant plus petit qu'elle est plus inclinée. Or, si on place un fil à plomb F au-dessus de cette surface (fig. 15), on constate que l'image de ce fil à plomb est dans son prolongement. Donc le fil est perpendiculaire à la surface libre, qui par suite est horizontale.

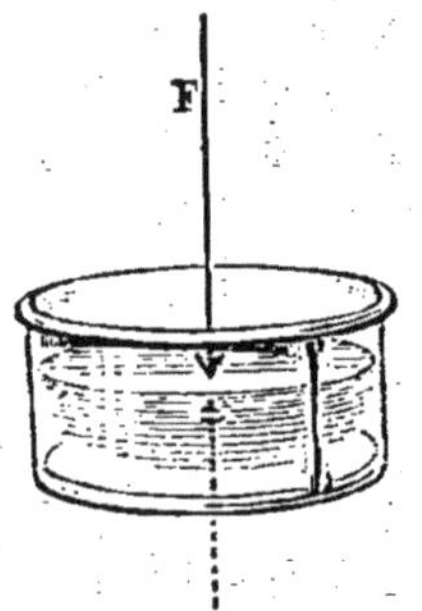

Fig. 15. — Horizontalité de la surface libre d'un liquide en équilibre.

Niveau à bulle d'air. — Le *niveau à bulle d'air* (fig. 16) est un petit instrument destiné à vérifier l'horizontalité des lignes droites et des plans.

Il se compose d'un tube en verre M légèrement courbe, fermé à ses deux bouts ; il est presque rempli d'eau ou d'alcool et ne contient qu'une grosse bulle d'air N qui vient toujours se placer au point le plus haut du tube. Ce tube est encastré dans une gaine en laiton laissant voir la plus grande partie du verre. Cette gaine repose sur une planchette en laiton. Le tube porte deux traits de repère dont la distance est égale à la longueur de la bulle d'air. La droite, menée par les milieux de ces deux traits et nommée *ligne des repères*, est parallèle à la base de la planchette, de sorte que, si on met la planchette sur

une droite horizontale, la bulle vient se loger entre les repères, tandis qu'elle occupe une autre position pour peu que
la planchette s'éloigne de l'horizontalité.

Pour vérifier si une table est horizontale, il suffit de voir

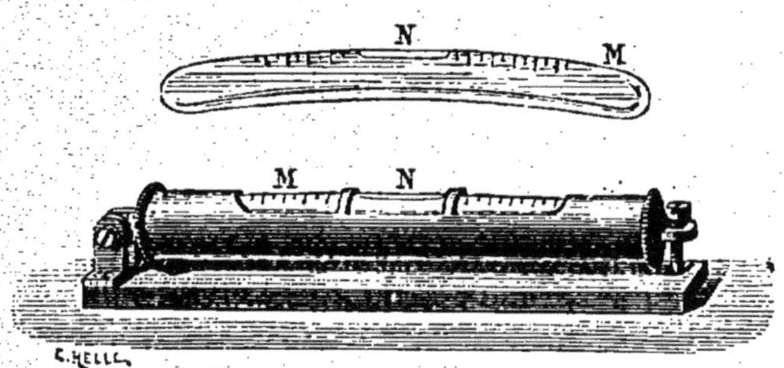

Fig. 16. — Niveau à bulle d'air.

si la bulle est entre les repères quand on met le niveau parallèle à l'un des bords de la table, puis dans une direction à

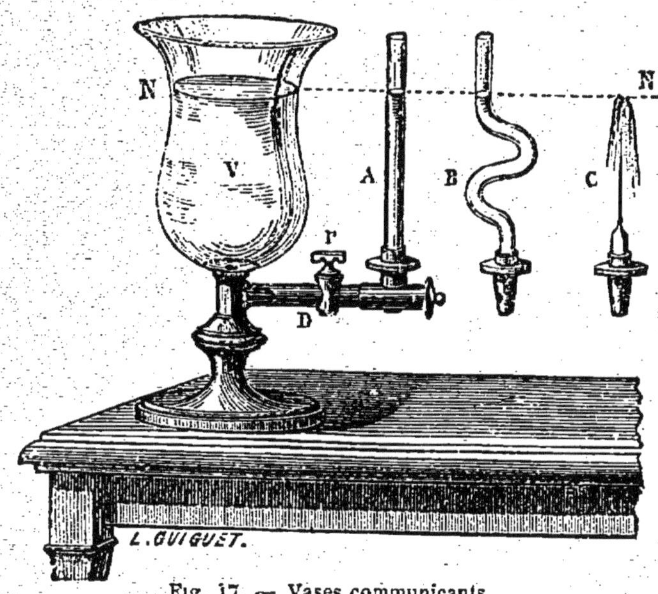

Fig. 17. — Vases communicants.

peu près perpendiculaire à la précédente. Si ces deux conditions ne sont pas remplies, on commence par mettre des cales

de façon à rendre le premier bord horizontal ; on rendra ensuite l'autre direction horizontale avec de nouvelles cales sous
les pieds autres que les deux premiers.

Vases communicants. — On appelle *vases communicants* (fig. 17) des vases reliés entre eux par leurs bases inférieures, de telle sorte qu'un liquide versé dans l'un passe en
partie dans l'autre.

Lorsque le liquide est en repos, on peut constater non seulement que les surfaces libres dans tous les vases sont horizontales, mais encore qu'elles sont à un même niveau, quelles que
soient les formes de ces vases. La vérification se fait au moyen
d'un grand vase à pied V portant à sa partie inférieure un conduit D sur lequel on peut fixer successivement de petits vases
de formes diverses A, B, C. Dès que le robinet interposé permet
la communication entre le grand et le petit vase, on voit le
liquide monter dans ce dernier jusqu'au niveau du premier.

Niveau d'eau. — C'est un appareil (fig. 18) destiné aux

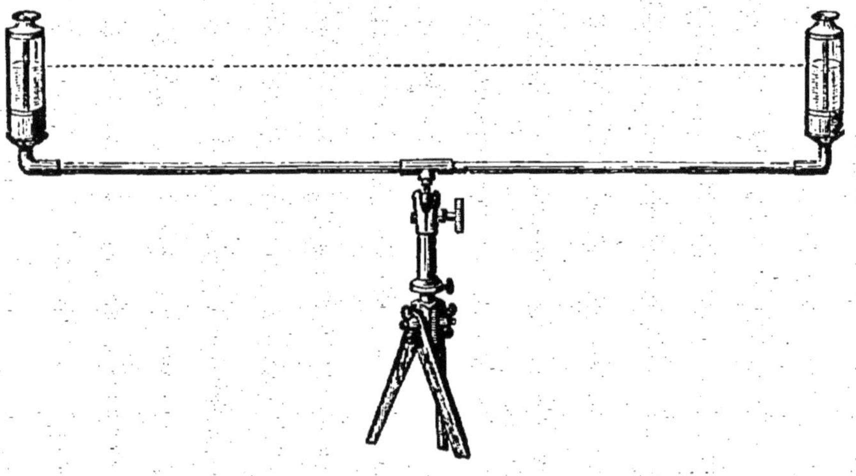

Fig. 18. — Niveau d'eau.

opérations de nivellement sur le terrain, c'est-à-dire à la
détermination de la différence de niveau de deux points
du sol.

Il est fondé sur le principe des vases communicants. Il se compose de deux fioles de verre de même forme, ouvertes à leurs deux bouts et reliées entre elles par un tube métallique sur lequel elles sont mastiquées. Ce tube est porté par son milieu, avec l'intermédiaire d'une charnière, sur un trépied. Si un liquide est introduit dans cet appareil, les deux surfaces libres se mettent dans le même plan horizontal, de sorte qu'un rayon visuel passant par ces deux surfaces libres est horizontal.

Cet appareil est toujours accompagné d'une *mire* (fig. 19). C'est une plaque de tôle rectangulaire qui peut glisser le long d'un pied en bois, contre lequel on peut la fixer au moyen d'une vis de pression. Ce pied est divisé en centimètres et millimètres et porte à son extrémité inférieure un talon métallique qui l'empêchera de pénétrer dans le sol. La plaque de tôle est divisée en quatre

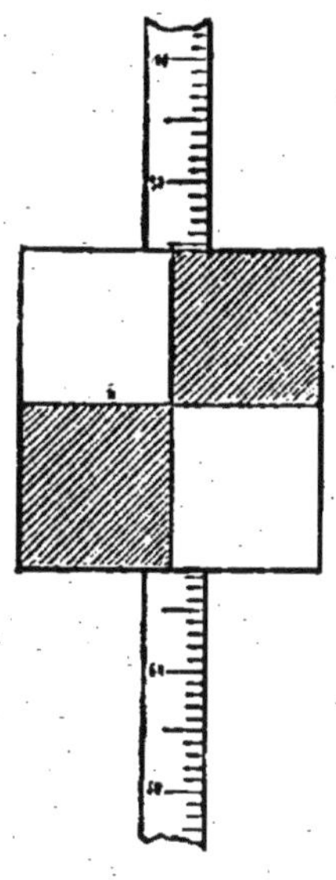

Fig. 19. — Mire.

rectangles égaux, dont deux opposés par le sommet sont colorés en rouge ou en noir, les autres étant blancs ; on peut voir ainsi avec facilité, même de loin, le centre de cette plaque qu'on appelle le *point de mire*.

Supposons qu'on veuille déterminer la différence des niveaux de deux points A et B du sol. On place le niveau d'eau entre ces deux points (fig. 20). Un aide porte la mire au point A ; l'observateur place son œil près de la surface libre d'une des fioles, en regardant dans la direction de la surface libre de l'autre fiole. De la main il fait signe à l'aide d'élever ou d'abaisser la plaque de la mire dont le pied est bien vertical, jusqu'à ce qu'il voie le point de mire exactement dans le plan horizontal des deux surfaces libres ; l'aide lit alors la hauteur A*a*. Il se transporte ensuite au point B et on détermine de même la hauteur B*b*. Il est clair que la différence AB′ des niveaux des points A et B est égale à la différence de A*a* et B*b*. Si, par exemple, on a trouvé A*a* = 1^m,75 et

$Bb = 0^m,85$, la différence cherchée est $1^m,75 - 0^m,85 = 0^m,90$.

Puits, sources, jets d'eau. — L'étude du sol terrestre

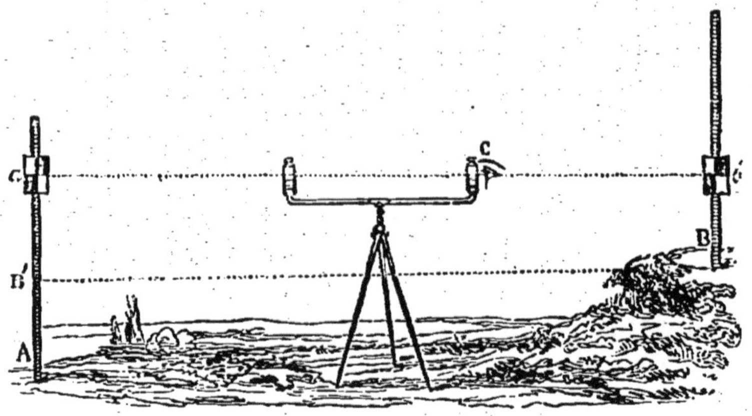

Fig. 20. — Usage du niveau d'eau.

nous montre qu'il est formé tantôt de sables et de masses pierreuses se laissant pénétrer rapidement par l'eau, tantôt de couches de marne ou d'argile à peu près imperméables. Les

Fig. 21. — Puits ordinaire, puits au niveau du sol, jet d'eau, puits artésien.

eaux des pluies qui tombent sur un sol perméable y pénètrent et vont se rassembler en grandes masses sur les couches d'argile. Imaginons qu'une grande masse d'eau souterraine soit en communication avec l'intervalle compris entre deux couches imperméables (fig. 21); nous aurons là une immense nappe d'eau qui peut s'étendre à des distances très considérables. Si la surface du sol est reliée à cette nappe par une fissure naturelle ou un conduit foré artificiellement, l'eau montera dans ce canal et tendra à prendre le même niveau que la surface libre de la masse d'eau avec laquelle elle communique. Plusieurs cas peuvent alors se présenter :

1° L'orifice du canal P' sur le sol est plus élevé que cette surface libre. L'eau y prend alors le même niveau. C'est le cas des puits ordinaires ; il faut descendre un seau dans le puits à une certaine profondeur pour y prendre de l'eau.

2° L'orifice P est à la même hauteur que la surface libre du réservoir naturel. L'eau arrive alors au niveau du sol et peut s'y répandre. C'est le cas de certaines sources dont les eaux sortent sans jaillir.

3° L'orifice A est au-dessous de la surface libre considérée. Le liquide tend alors à monter au-dessus du sol et produit un jet d'eau dont la hauteur dépend de la différence des niveaux. C'est ce qui se produit quand on creuse des puits artésiens [1]. Généralement on construit sur l'ouverture du puits un canal en forme de tour, terminé à sa partie supé-

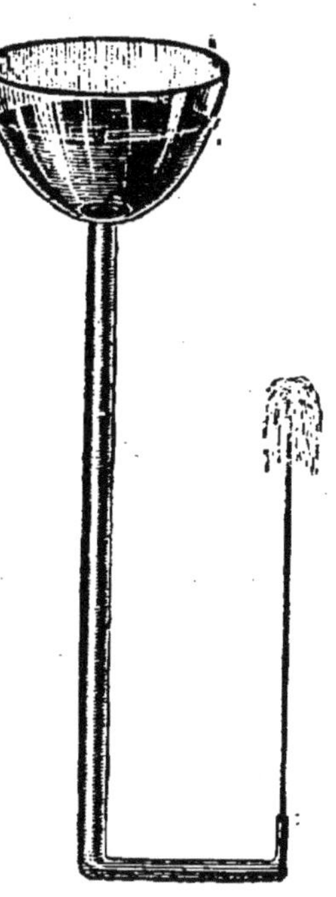

Fig. 22. — Jet d'eau.

rieure par un grand réservoir dans lequel montera l'eau du puits et duquel l'eau sera distribuée par des tuyaux aux habitations environnantes, et dans ces habitations l'eau pourra être portée encore à la même hauteur que dans le réservoir du puits artésien, c'est-à-dire à la hauteur de la surface libre de la grande masse d'eau accumulée dans le sol ou à la surface du sol.

1. Les premiers puits artésiens en France ont été pratiqués dans l'Artois : de là leur nom.

Pour produire les jets d'eau des jardins, on crée un réservoir artificiel à un niveau plus élevé que celui que devra atteindre le jet, et on met en communication ce réservoir avec un tube vertical placé au centre d'un bassin. L'eau jaillit alors avec force et elle monterait à la hauteur de la surface libre dans le réservoir (fig. 22), si l'air ne résistait à son mouvement et si les gouttes d'eau qui retombent ne venaient choquer en descendant les gouttes qui montent. On se met à l'abri de ce dernier inconvénient en faisant en sorte que le jet ne soit pas tout à fait vertical, la vitesse de l'eau ascendante n'est pas alors diminuée par la rencontre de l'eau qui descend.

II. — PRESSION DES LIQUIDES SUR LES PAROIS
DES VASES

Existence des pressions sur les parois. — Lorsqu'un vase ouvert contenant un liquide en équilibre présente sur ses parois latérales ou sur son fond un orifice fermé par un bouchon mal assujetti, il arrive que le bouchon est rejeté à l'extérieur et que le liquide s'écoule. Ce fait nous montre que le liquide presse contre les parois qu'il touche et en tous leurs points, aussi bien sur le pourtour que sur le fond. Lorsque le bouchon se sépare du vase, le liquide jaillit dans une direction perpendiculaire à l'orifice, de la même façon qu'un homme est projeté en avant lorsqu'il exerce une forte pression contre un obstacle qui vient à céder tout à coup.

Pressions sur le fond des vases. — On peut déterminer expérimentalement la grandeur de la pression d'un liquide sur le fond d'un vase et on arrive à cette conclusion :

La pression qu'un liquide en équilibre exerce sur le fond plan et horizontal d'un vase est égale au poids d'une colonne de ce liquide qui aurait pour base le fond du vase et pour hauteur la distance du fond à la surface libre.

D'après l'énoncé de ce théorème, si on a plusieurs vases de même fond, mais de formes diverses, dans lesquels on met

le même liquide à la même hauteur, la pression sera la même.
Ce fait a été vérifié directement par HALDAT, au moyen d'un
appareil qui porte son nom (fig. 23). Il se compose d'un tuyau
de fer horizontal A B, recourbé verticalement à ses deux extrémités; à l'une d'elles on fixe un tube vertical en verre C; l'autre

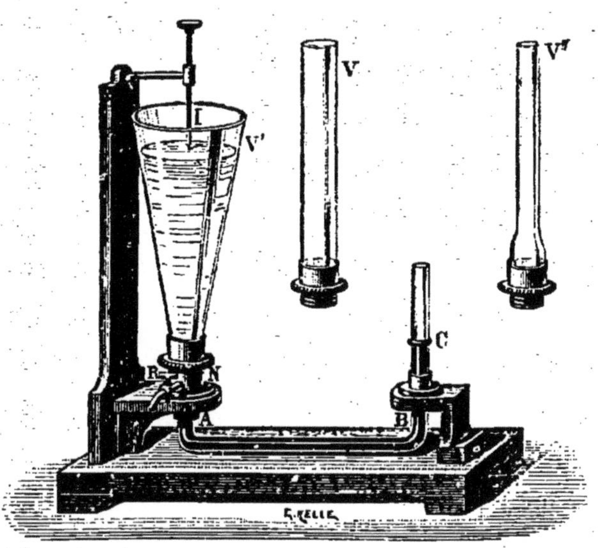

Fig. 23. — Appareil de Haldat.

aboutit à un écrou N sur lequel on peut visser des vases de
formes diverses sans fond V, V', V''. Le tube de fer sera rempli
de mercure et on versera de l'eau dans les vases successifs à une
hauteur, toujours la même, indiquée par une pointe métallique verticale qui glisse à l'extrémité d'une potence. La surface du mercure qui touche l'eau forme le fond du vase et la
pression qu'elle subit fait monter le mercure dans le tube en
verre. On constate que, dans les trois expériences, le mercure
atteint le même point; donc la pression que l'eau exerce est
la même dans ces trois cas. On a donc ainsi vérifié que la
pression d'un liquide sur le fond d'un vase ne dépend pas de
la forme de ce vase, mais seulement de la grandeur du fond
et de la hauteur du liquide. Mais on n'a pas mesuré la grandeur de cette pression.

L'appareil de Pascal (fig. 24), en même temps qu'il vérifie le
fait mis en évidence par l'instrument de Haldat, détermine la
valeur de la pression. Il se compose de trois vases de formes
diverses sans fond, pouvant se visser sur le même écrou porté
par un trépied. Le fond sera formé par un plan de verre D,

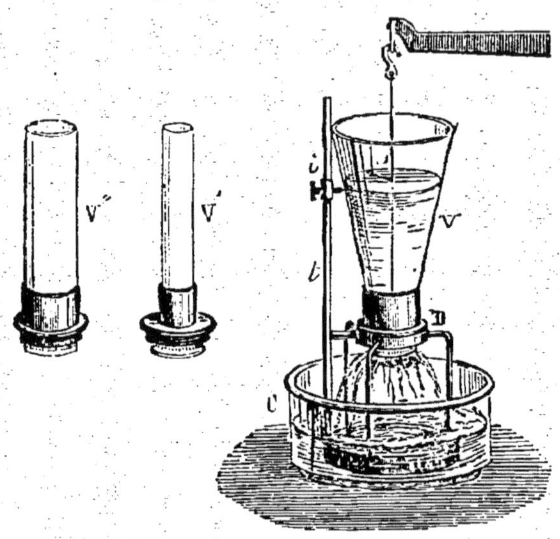

Fig. 24. — Appareil de Pascal, modifié par Masson.

nommé obturateur, s'appliquant exactement sur le bord inférieur de chaque vase et maintenu par un fil que l'on accroche
au-dessous de l'un des plateaux d'une balance. Le trépied
porte une tringle verticale t le long de laquelle glisse à frottement dur un petit index horizontal i. Pour se servir de cet appareil, on commence par faire la tare de l'obturateur et de son
fil. On fermera alors avec cet obturateur l'un des vases vissé
sur le trépied ; le fil passant à travers le vase sera fixé sous
le plateau de la balance et, dans l'autre plateau, à côté de la
tare, on mettra des poids marqués dont l'effet sera de presser
l'obturateur contre le fond. On versera ensuite de l'eau dans
le vase V jusqu'à ce que l'obturateur en laisse fuir quelques
gouttes : à ce moment, la pression sur le fond du vase est
évidemment égale à la somme des poids marqués placés dans

l'autre plateau. On amènera l'index à la hauteur de la surface libre. Puis on remplacera le vase V par un second V′ et enfin par le troisième V‴, et on constatera toujours que l'obturateur livrera passage à un peu d'eau quand la surface libre sera arrivée à la hauteur de l'index. On vérifie ainsi que la pression sur le fond est indépendante de la forme du vase. — Si, de plus, on mesure le diamètre du fond ainsi que la distance de ce fond au plan horizontal passant par l'index, on peut calculer le volume et par suite le poids d'un cylindre d'eau ayant pour base ce fond et pour hauteur cette distance : on trouve que ce poids est égal à la somme des poids marqués mis dans le second plateau; si, par exemple, ces poids marqués représentent 120 grammes, on trouvera précisément que le volume du cylindre d'eau est de 120 centimètres cubes.

On voit par là que si le vase est un cylindre vertical, la pression que le liquide exerce sur le fond est justement égale au poids total du liquide; si le vase s'élargit vers le haut, la pression sur le fond est plus petite que le poids du liquide; enfin, si ce vase se rétrécit vers le haut, le fond supporte une pression supérieure au poids total du liquide.

Pressions sur les parois latérales. — Les liquides exercent, comme nous l'avons montré tout à l'heure, des pressions sur toutes les parties des parois qu'ils touchent. Ces pressions sont toujours perpendiculaires à la paroi au point considéré, car si on pratique un trou dans une paroi très mince, on constate toujours que le jet de liquide est normal à cette

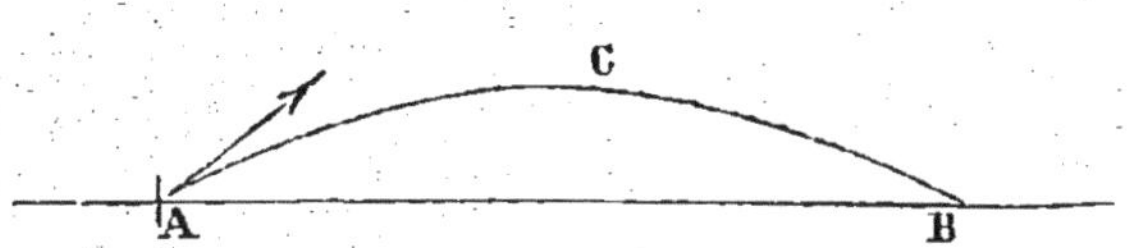

Fig. 25. — Jet de liquide incliné vers le haut.

paroi. Le jet présente une forme courbe (fig. 25) ; car, dès qu'une goutte d'eau est sortie perpendiculairement à la paroi, la pesanteur la fait dévier de sa direction initiale en l'attirant

vers le sol, de même qu'une pierre lancée suivant une certaine direction, au lieu de poursuivre son chemin en ligne
droite, s'en éloigne graduellement jusqu'à revenir au sol.

Si l'on suppose un vase V contenant un liquide, dont les
parois latérales soient verticales, et si on pratique avec une
vrille des orifices (fig. 26) à différentes hauteurs, a, b, c, d, e,
on pourra juger de la grandeur de la pression que le liquide
exerçait sur les portions de parois enlevées par la vrille par
l'amplitude du jet, c'est-à-dire par la distance à laquelle le jet

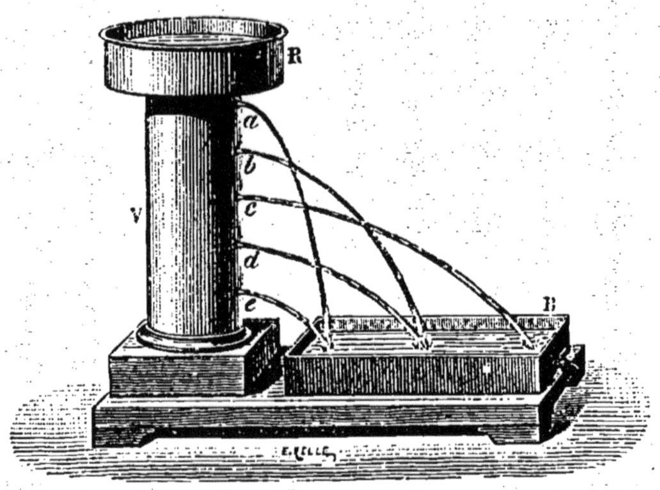

Fig. 26. — Jets de liquide de diverses amplitudes.

viendra rencontrer un plan horizontal placé à 30ᶜᵐ par
exemple au-dessous de chaque orifice ; il est clair que cette
distance sera d'autant plus grande que le liquide aura été
lancé avec plus de force et, par suite, que la pression aura
été plus grande. On peut constater ainsi que les jets par des
trous pratiqués à la même hauteur ont la même amplitude,
et que cette amplitude est d'autant plus petite que l'orifice est
plus près de la surface libre.

On démontre, dans une étude plus complète, que la pression
exercée par le liquide sur un petit élément plan d'une paroi
de forme quelconque est égale au poids d'une colonne de liquide ayant pour base cet élément et pour hauteur sa distance à la surface libre.

Applications. — Supposons un grand réservoir d'eau muni d'un certain nombre de tuyaux fermés par des robinets aux divers étages d'une maison. On constate, lorsqu'on ouvre ces robinets, que l'eau jaillit avec beaucoup plus de force aux étages inférieurs qu'aux étages supérieurs. Le réservoir et les tuyaux forment en effet un vase dont les orifices sont à des hauteurs différentes. — Dans l'arrosage à la lance des jardins ou des rues d'une ville, on peut remarquer de même que la poussée de l'eau est d'autant plus grande qu'on se trouve dans un quartier plus bas.

Rappelons encore l'expérience cu-rieuse du *crève-tonneau*, due à Pascal (fig. 27). Un tonneau dressé sur une de ses bases est rempli d'eau ; dans un trou pratiqué sur la base supérieure on assu-jettit un tube de verre de plusieurs mè-tres de hauteur qu'une carafe d'eau suf-fira à remplir. Dès qu'on remplit d'eau le tube, on constate que les douves du tonneau se disjoignent et enfin s'écartent sous l'effort des pressions intérieures jus-qu'à livrer passage au liquide. En rem-plissant le tube on n'a augmenté que très peu la quantité d'eau de l'appareil, mais on a élevé beaucoup le niveau de la sur-face libre, ce qui a déterminé une pres-sion considérable. Ainsi, si on considère

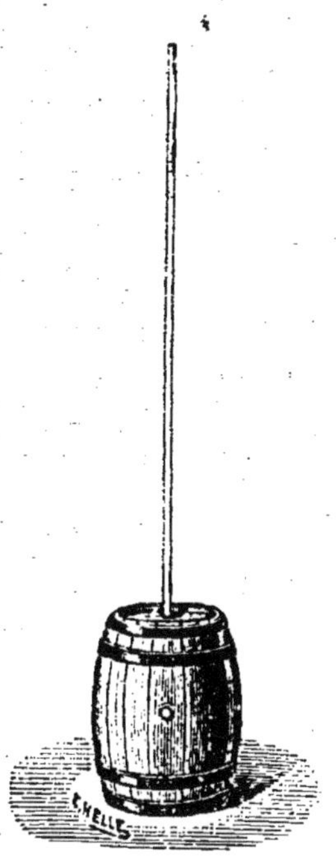

Fig. 27. — Crève-tonneau

une portion plane d'une douve d'un décimètre carré de surface et si on suppose que le niveau de l'eau est à dix mètres au-dessus de cette paroi, la pression qu'elle supporte est égale au poids d'une colonne d'eau d'un décimètre carré de base et de 100 décimètres de hauteur, c'est-à-dire au poids de 100 déci-mètres cubes d'eau ou à 100 kilogrammes.

Vases à réactions. — Soit un vase cylindrique muni de roulettes et reposant sur un plan horizontal ; supposons-le percé d'un orifice $a\,b$ fermé par un bouchon. La pression p

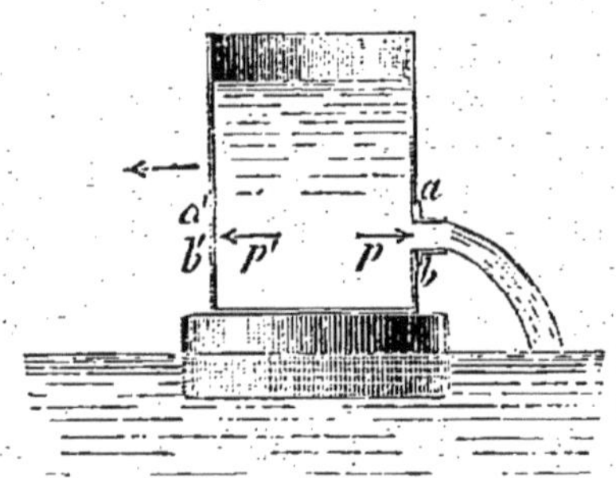

Fig. 28. — Vase flottant à réactions.

sur la face intérieure du bouchon $a\,b$ est détruite par la pression égale et de sens contraire sur la portion de paroi $a'\,b'$, égale à $a\,b$ et symétriquement placée. De même pour toutes les autres pressions sur les parois verticales. Mais si l'on vient à enlever le bouchon $a\,b$, la pression p n'existe plus et la force p' mettra le vase en mouvement dans sa direction, c'est-à-dire en sens contraire du jet de liquide.

On peut faire la même expérience en remplaçant le vase à roulettes par un vase qu'on place sur un large liège flottant à la surface d'un liquide (fig. 28).

Le plus souvent on se sert du vase représenté dans la figure 29, connu sous le nom de *tourniquet hydraulique*. Il se compose d'un récipient R mobile autour d'un axe vertical C et portant à sa partie inférieure un canal horizontal $a\,a$ recourbé horizonta-

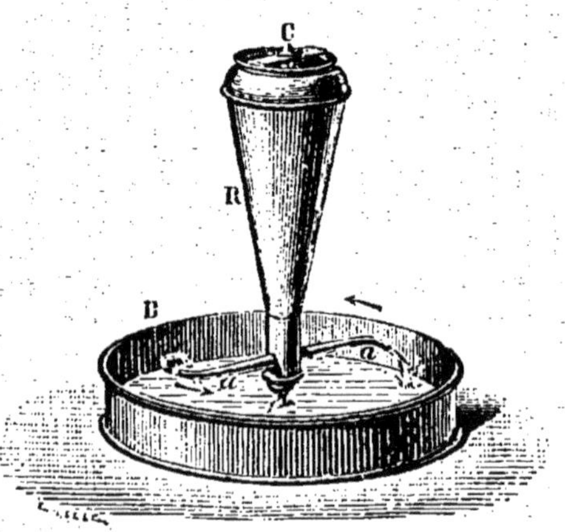

Fig. 29. — Tourniquet hydraulique.

lement à ses extrémités, de telle sorte que les deux courbures soient tournées dans le même sens. Le liquide contenu dans le récipient s'écoulera par les deux orifices en repoussant chacun d'eux ; ces deux actions s'ajouteront pour mettre le vase en mouvement autour de son axe.

Pressions à l'intérieur des liquides. — Imaginons

dans un liquide en équilibre une petite surface plane *a b* formée par des molécules de ce liquide (fig. 30). Puisqu'il y a équilibre, cette surface supporte de part et d'autre des pressions égales. On peut imaginer qu'elle fasse partie d'une surface C D qui aboutirait de toutes parts aux parois, ce qui formerait ainsi un vase M C D N. Or nous avons trouvé précédemment que la pression exercée par un liquide sur une petite portion

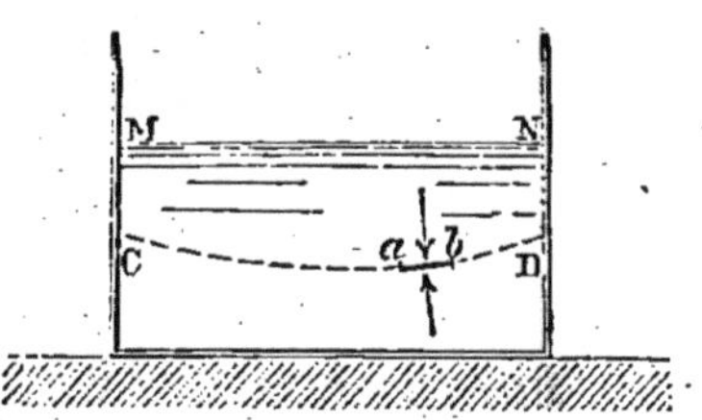

Fig. 30. — Pressions à l'intérieur d'un liquide.

de paroi plane est égale au poids d'une colonne de liquide ayant pour base cette portion de paroi et pour hauteur sa distance à la surface, quelle que soit l'inclinaison de la paroi.

Donc, si on imagine par un point d'un liquide une surface plane très petite, la pression qu'elle supportera sera indépendante de sa direction.

On peut vérifier directement que la pression sur une surface quelconque prise dans un plan horizontal à l'intérieur d'un liquide est égale au poids d'une colonne de ce liquide ayant pour base la surface et pour hauteur la distance au niveau libre. Prenons un tube cylindrique en verre dont on peut fermer l'extrémité inférieure au moyen d'un obturateur D rodé à l'émeri sur

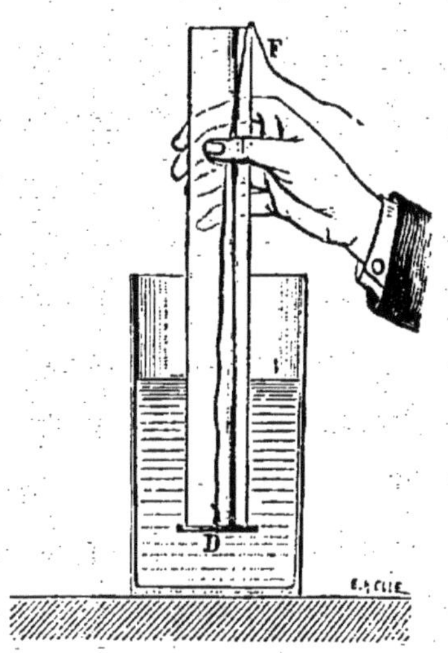

Fig. 31. — Vérification expérimentale de la pression dans un liquide.

les bords du tube et maintenu par un fil F passant dans l'intérieur du tube. Dès qu'on plonge le tube verticalement dans un liquide (fig. 31), la pression exercée de bas en haut contre l'obturateur le maintient contre le tube sans qu'il soit besoin de tenir le fil. Ce tube forme ainsi un petit vase dans lequel nous allons verser le même liquide : tant que le niveau dans ce petit vase sera inférieur au niveau dans le grand, l'obturateur restera en place ; dès que les deux niveaux seront dans le même plan horizontal, l'obturateur tombera : à ce moment donc la pression de haut en bas exercée par le liquide sur le fond du petit vase est égale à la pression de bas en haut du liquide extérieur. Et la première est égale au poids d'une colonne de liquide ayant pour base l'une de ces surfaces et pour hauteur la distance à la surface libre.

En conséquence, si on prend deux surfaces planes égales situées à des niveaux différents, elles ne supportent pas la même pression, et la différence de ces pressions est égale au poids d'une colonne de liquide ayant pour base l'une de ces surfaces et pour hauteur la distance des plans horizontaux qui les contiennent.

Liquides superposés. — Lorsqu'on verse dans un même vase deux liquides non susceptibles de se mélanger, on peut voir que non seulement la surface libre est plane, mais encore que la surface de séparation des deux liquides est un plan horizontal. C'était à prévoir. Si, en effet, nous considérons

Fig. 32.—Equilibre des liquides superposés

deux petites surfaces planes égales placées au même niveau en a et b dans le liquide inférieur (fig. 32), nous savons que les pressions exercées sur ces surfaces par le liquide sont égales entre elles, pressions qui sont les poids des cylindres ae d'un côté et bf de l'autre ; chacun de ces cylindres est composé de deux parties, les portions ac et bd sont de l'eau, les autres ce et df sont de l'huile ; il est clair que les deux cylindres ne peuvent avoir le même poids, à moins que les points c et d ne soient dans un même plan horizontal, c'est-à-dire que les portions d'eau ac et bd ne soient égales entre elles, de même que les portions d'huile ce et df.

III. — PRINCIPE D'ARCHIMÈDE

Poussée des liquides sur les corps qui y sont plongés. — Lorsqu'on enfonce dans un liquide un corps solide, chaque portion de la surface du solide subit de la part du liquide une pression. On peut s'en rendre compte en plongeant partiellement dans un liquide un vase vide, dont une portion A B de paroi manque et est remplacée par une membrane élastique en caoutchouc (fig. 33) : dès que cette membrane est immergée, on constate qu'elle se bombe vers l'intérieur du vase; et même, si elle a été mal fixée sur les bords du trou A B, elle pourra se détacher sous l'effort de la pression du liquide et être rejetée à l'intérieur. C'est pour cette raison que si les parois immergées d'un bateau présentent des trous qu'on a fermés au moyen de tampons mal assujettis, il peut arriver que ces tampons soient repoussés à l'intérieur par l'eau qui s'y précipite à son tour.

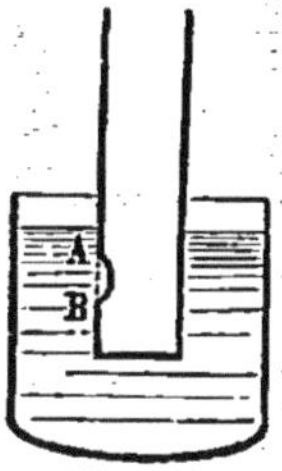

Fig. 33.
Pressions des liquides sur les corps qui y sont plongés.

Mais quel est l'effet que peuvent produire toutes ces pressions exercées par un liquide sur les diverses parties de la surface d'un corps qui y est plongé? N'avons-nous jamais remarqué, quand nous sommes au bain, qu'il est plus facile de soulever le bras dans l'eau qu'au dehors? L'effet des pressions de l'eau sur notre bras serait donc une force agissant en sens contraire de la pesanteur. Pour mieux nous rendre compte du phénomène, prenons un bouchon de liège ou un morceau de bois, plongeons-le dans l'eau, puis lâchons-le sans le lancer dans aucune direction ; nous constatons que le corps ainsi immergé remonte vers la surface en suivant un chemin vertical; nous conclurons de cette expérience que les pressions de l'eau sur le bouchon produisent une poussée verticale de bas en haut. Nous allons nous proposer maintenant de mesurer la grandeur de cette poussée.

Principe d'Archimède. — *Tout corps plongé dans un liquide subit de la part du liquide une poussée verticale, dirigée de bas en haut, et égale au poids du liquide déplacé.*

Pour démontrer ce théorème, nous allons suspendre par un fil un morceau de fer B sous l'un des plateaux d'une balance (fig. 34) que nous chargerons en plus d'un petit vase K,

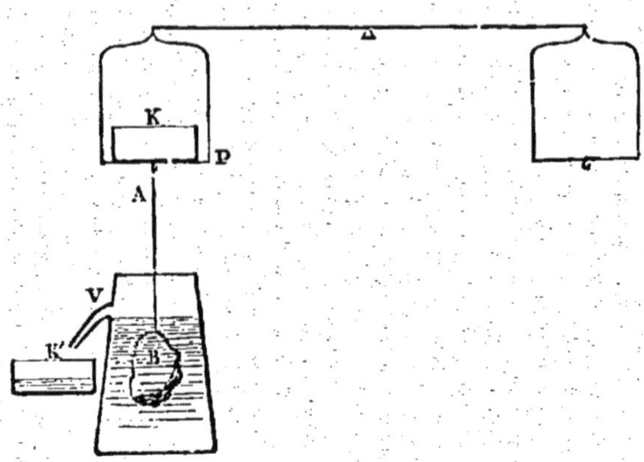

Fig. 34. — Démonstration du principe d'Archimède.

et nous ferons la tare en mettant de la grenaille de plomb dans l'autre plateau. Cela fait, nous approcherons un vase à déversoir, plein d'eau jusqu'à l'orifice d'écoulement V, et nous le placerons de telle façon que le corps B y plonge complètement, en ayant soin de recueillir dans un vase K′, identique au vase K, l'eau qui s'écoule par l'orifice E. On constate immédiatement que l'équilibre est rompu au profit de la tare, mais que le fil A B est resté vertical. La conclusion à tirer de cette première remarque, c'est que le liquide exerce de bas en haut sur le corps une poussée *verticale*, car une poussée *oblique* dérangerait le fil A B de sa direction primitive. Enlevons maintenant le vase K du plateau qui le supporte, et remplaçons-le par le vase K′ contenant l'eau qui s'est écoulée ; nous voyons alors que l'équilibre de la balance se rétablit dans la position initiale. Donc la poussée est égale au poids de l'eau qui a été recueillie dans le vase K′, et qui est précisément l'eau déplacée par le corps plongé.

Réciproquement, tout corps plongé dans un liquide exerce sur le liquide une poussée verticale de haut en bas égale au poids du liquide déplacé.

Pour le vérifier, prenons les mêmes appareils que précédemment ; plaçons le vase à déversoir plein d'eau sur le plateau de la balance, et faisons la tare ; puis introduisons le fer B dans ce vase, en le maintenant par le fil à une certaine distance du fond du vase : un volume d'eau égal au volume du corps B est rejeté par le déversoir dans le vase extérieur K',

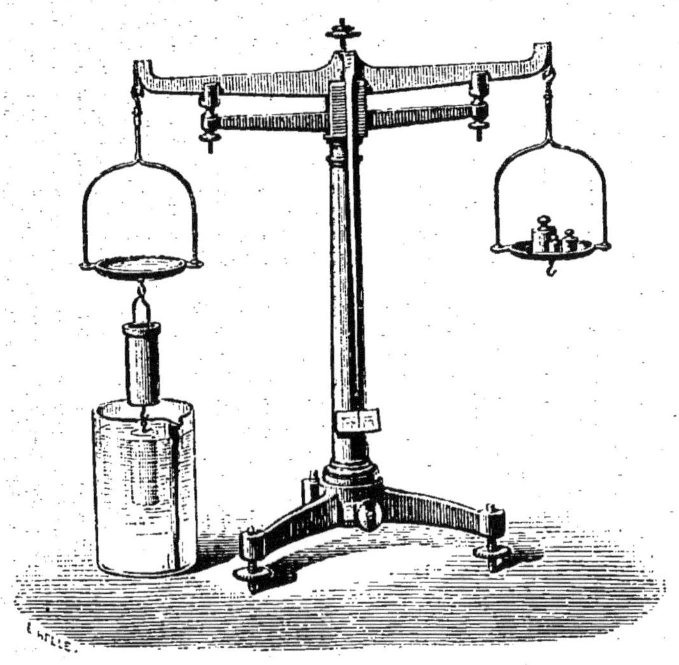

Fig. 35. — Vérification du principe d'Archimède.

qui ne touche pas la balance. On constate que l'équilibre n'est pas rompu. Donc le corps B exerce sur le liquide une poussée de haut en bas égale au poids du liquide qui s'est écoulé.

Remarque. — On fait souvent, dans les cours de physique, la démonstration des théorèmes précédents de la façon suivante :

On prend un petit cylindre en laiton muni d'un crochet à sa partie supérieure, et pouvant s'emboîter exactement dans un cylindre creux en laiton dont la capacité intérieure est par conséquent égale au volume du cylindre plein (fig. 35). Le cylindre creux est suspendu sous l'un des plateaux d'une balance ; on accroche à sa base inférieure le cylindre plein, puis on fait la tare dans l'autre plateau. On approche alors un vase plein d'eau dans lequel on fait plonger le cylindre plein : la rupture de l'équilibre en faveur de la tare accuse immédiatement l'existence d'une poussée de bas en haut. L'équilibre se rétablira dans la position primitive, si on remplit d'eau le cylindre creux. Donc le cylindre plein est poussé de bas en haut avec une force égale au poids du liquide qu'il déplace.

Pour étudier la poussée d'un solide sur le liquide dans lequel il est immergé, on place un vase plein d'eau sur l'un des plateaux d'une balance, et on tare (fig. 36) ; puis on introduit dans l'eau le cylindre plein soutenu par le cylindre creux et une potence : le fléau s'incline du côté du vase, et indique par là l'existence d'une poussée de la part du solide sur l'eau. On enlève alors du vase, avec une pipette, le volume d'eau nécessaire pour remplir le cylindre creux, et le fléau de la balance reprend sa position initiale.

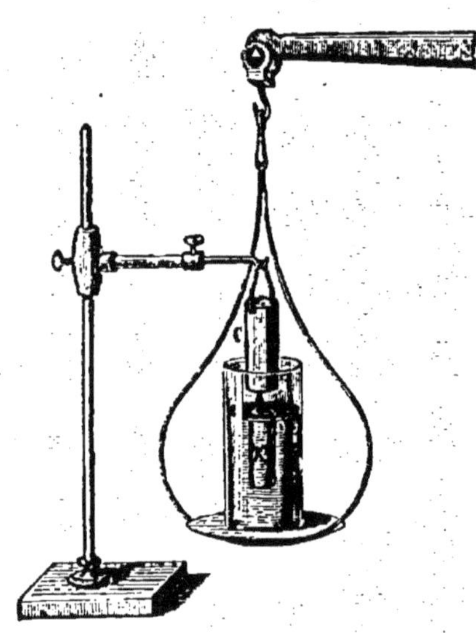

Fig. 36. — Poussée d'un solide sur un liquide.

Donc la poussée de haut en bas exercée par le cylindre plein sur le liquide est égale au poids du liquide déplacé.

Ces démonstrations faites sur un corps de forme particulière comme un cylindre placé verticalement, ne sont pas générales ; nous n'avons pas plus le droit d'en étendre les conclusions à un corps d'une autre forme que nous ne pouvons regarder comme établis pour des quadrilatères quelconques les théorèmes démontrés en géométrie pour des parallélogrammes.

Équilibre des corps immergés. — Le principe d'Archimède permet de prévoir sans difficulté ce que deviendra un corps solide introduit dans un liquide.

Ce corps, en effet, est soumis à son poids qui le tire de haut en bas et à la poussée du liquide qui le tire de bas en haut. Il se mettra donc en mouvement dans le sens de la plus grande de ces forces :

1° Si le poids du corps est plus grand que le poids d'un égal volume de liquide, il tombera au fond. C'est le cas d'une pierre plongée dans l'eau ;

2° Si le poids du corps est égal au poids du liquide dont il tient la place, le corps restera immergé sans monter ni descendre. On pourra constater ce phénomène pour une goutte d'huile d'olive plongée dans une eau convenablement alcoolisée ;

3° Si le poids du corps est plus petit que le poids du liquide déplacé, il remontera vers la surface. C'est ce qui se passe quand on plonge un morceau de bois dans l'eau, un morceau de fer dans du mercure, etc.

Ludion. — On peut réaliser ces trois cas avec un même appareil nommé *ludion* (fig. 37). Il consiste en une boule ou une fiole de verre présentant une ouverture très petite à sa partie

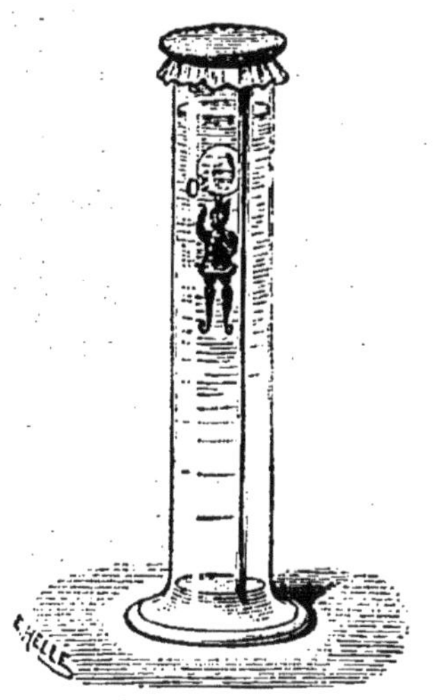

Fig. 37. — Ludion.

inférieure, et portant suspendue une figurine en émail. L'ensemble est plongé dans un vase en verre plein d'eau et fermé par une membrane élastique, généralement une portion de vessie, solidement fixée sur les bords. Quand la boule est pleine d'air, l'ensemble de la boule et de la figurine a un poids inférieur au poids de l'eau déplacée, et, par conséquent, reste à la partie supérieure du vase. Mais si on presse avec le doigt sur la membrane élastique, cette pression, se transmettant dans tout le liquide, fait pénétrer de l'eau dans la boule; dès que le poids du ludion devient supérieur au poids de l'eau déplacée, il tombe au fond du vase; si on cesse la pression, le ludion remonte. On arrive facilement à presser de telle façon qu'il reste en suspension dans le liquide sans monter ni descendre.

Ce petit appareil fit pendant longtemps l'étonnement des spectateurs sur les places publiques, les jours de foire. Le forain, qui sollicite les badauds, garde constamment le doigt sur la membrane élastique; en la pressant plus ou moins, sans que les spectateurs s'en aperçoivent, il donne à la figurine des ordres que celle-ci s'empresse d'exécuter, au grand ébahissement du public.

Corps flottants. — Revenons au cas où le poids d'un corps est plus petit que le poids d'un égal volume du liquide dans lequel on le plonge. Il remonte, avons-nous dit, vers la surface, et s'y met bientôt en équilibre. On dit alors que le corps est flottant.

Lorsqu'un corps flotte sur un liquide, une portion du corps est en dehors du liquide; le reste est immergé. Cette dernière partie du corps supporte donc, d'après le principe d'Archimède, une poussée de bas en haut égale au poids d'un égal volume du liquide. Puisqu'il y a équilibre, c'est que la valeur de cette poussée est égale au poids du corps. Donc le poids d'un corps flottant en équilibre est égal au poids du liquide déplacé par la partie immergée.

Considérons, par exemple, un morceau de bois dont le poids spécifique est égal à $\frac{2}{3}$, dont le volume est de 300 centimètres cubes, et dont le poids est, par conséquent, de $300 \times \frac{2}{3} = 200$ grammes. Si on le plonge complètement dans l'eau, la poussée est égale au poids de 300 centimètres cubes d'eau ou à 300 grammes. Il remontera donc vers la surface sous l'action d'une force égale à 300 — 200 = 100 grammes. Quand il flottera en équilibre à la surface, le poids de l'eau déplacée sera égal au poids du corps, qui est de 200 grammes. Donc le volume du morceau de bois qui restera immergé sera de 200 centimètres cubes.

Ordre de superposition des liquides.— Nous avons dit précédemment que si on verse dans un même vase deux liquides qui ne se mélangent pas, de l'eau et de l'huile par exemple, leur surface de séparation dans l'état d'équilibre est un plan horizontal. Mais quel est celui des deux liquides qui surnage?

La réponse à cette question résultera d'une simple application du principe d'Archimède. Considérons, en effet, au moment où l'on verse les deux liquides, une goutte d'huile entourée d'eau ; comme sa densité est plus petite que celle de l'eau, son poids sera plus petit que celui d'un égal volume d'eau; donc elle remontera. Si nous considérons, d'autre part, une goutte d'eau dans l'huile, son poids étant plus grand que celui de l'huile dont elle tient la place, elle descendra. Donc l'eau formera la couche inférieure et l'huile la couche supérieure.

Ce que nous venons de dire pour deux liquides peut se répéter pour un nombre quelconque de liquides placés dans le même vase et ne se mélangeant pas (fig. 38). Ils seront séparés par des plans horizontaux : le plus dense sera au fond, le plus léger à la surface ; les autres seront interposés par ordre de densité décroissante de bas en haut.

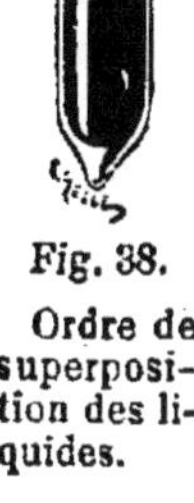

Fig. 38.

Ordre de superposition des liquides.

Mesure du poids spécifique d'un corps. — La détermination du *poids spécifique* d'un corps peut se faire en appliquant le théorème d'ARCHIMÈDE. Le poids spécifique d'un corps est, en effet, le poids en grammes d'un centimètre cube du corps. Il suffira donc de déterminer le poids du corps et le nombre de centimètres cubes qu'il contient; le quotient de la première quantité par la seconde sera le poids spécifique. Mais le nombre des centimètres cubes qui forment le volume d'un corps est le même que le poids en grammes d'un égal volume d'eau, puisqu'un centimètre cube d'eau pèse un gramme.

On aura le poids spécifique cherché en divisant le poids du corps par le poids d'un égal volume d'eau.

Suspendons donc un corps par un fil sous l'un des plateaux d'une balance (fig. 39), et faisons la tare. Puis approchons un vase plein d'eau, de telle façon que le corps soit complètement immergé : l'équilibre est rompu, et il faut ajouter, dans le plateau qui supporte le corps, des poids marqués, 25 grammes par exemple, pour ramener la balance dans sa position initiale, c'est-à-dire pour détruire la poussée de l'eau : ces poids marqués représentent le poids d'un volume d'eau égal au volume du corps. Enfin, décrochons le fil; il faut mettre de nouveaux poids dans la balance pour rétablir l'équilibre initial : l'ensemble des poids marqués qui chargent ce plateau, soit 60 grammes, est égal au poids du corps. Le quotient de ce dernier nombre par le premier, $\dfrac{60}{25} = 2,4$ est le poids spécifique cherché.

Fig. 39. — Détermination du poids spécifique d'un solide.

IV. — ARÉOMÈTRES A POIDS CONSTANT

Principe des aréomètres. — Le lait pur a une densité différente de celle du lait mouillé, c'est-à-dire mélangé d'eau ; l'alcool a une densité d'autant plus grande qu'il est additionné d'une plus grande quantité d'eau. En général, quand on ajoute de l'eau à un liquide, on diminue ou on augmente sa densité, suivant que ce liquide était d'abord plus lourd ou plus léger que l'eau. On a intérêt, dans les transactions commerciales et même dans l'économie domestique, à être renseigné rapidement sur la quantité d'eau qui entre soit dans un lait mouillé, soit dans un alcool dilué, soit dans un jus sucré, comme celui de la betterave. Or, si on place sur un liquide un corps qui y flotte, nous savons que le poids de ce corps est égal au poids du liquide déplacé par la partie immergée ; ce corps s'enfoncera donc d'autant plus dans le liquide que ce liquide sera moins dense, et l'on conçoit que l'on puisse juger de la quantité d'eau faisant partie du liquide par la quantité du corps flottant qui y sera plongée. On donne le nom d'*aréomètres à poids constant* à des flotteurs dont la forme est particulièrement commode pour cette recherche.

Aréomètres de Baumé. — M. Baumé, pharmacien à Paris, a construit deux sortes d'aréomètres, les uns pour les liquides plus denses que l'eau, les autres pour les liquides moins denses. La forme est, du reste, toujours la même ; la graduation seule est différente.

Ces instruments se composent d'une tige cylindrique en verre, renflée à sa partie inférieure, et lestée à son extrémité par du mercure ou de la grenaille de plomb. Ce lest a pour but de ne pas laisser l'appareil se coucher sur le liquide et de le forcer à flotter dans la position verticale.

Pour les liquides plus denses que l'eau, les aréomètres portent le nom de *pèse-acides*, *pèse-sels*, *pèse-sirops*, etc., suivant leurs usages (fig. 40). On les leste de façon convenable pour qu'ils s'enfoncent dans l'eau pure presque jusqu'à l'extrémité supérieure, et on marque zéro au point d'affleurement. Puis on fait une dissolution de sel marin ou sel de cuisine ordinaire dans de l'eau, dans la proportion de 15 grammes de sel pour 85 grammes d'eau ; on fait flotter l'aréomètre dans ce liquide, et on marque 15 au point d'affleurement. On divise ensuite l'espace compris entre 0 et 15 en 15 parties égales ou *degrés*, et on continue à tracer, au-dessous du point 15 jusqu'au renflement, des divisions égales ; on inscrit à côté des divisions la suite des nombres entiers à partir du zéro. Il est clair que si j'achète, par exemple, de l'acide sulfurique, et si le marchand de produits chimiques me fournit toujours le même acide, l'aréomètre flottant dans ce liquide s'enfoncera constamment jusqu'à la même division, soit 66 degrés ; si un jour il s'enfonce plus que de coutume, jusqu'à la division 62, c'est qu'on y aura ajouté de l'eau.

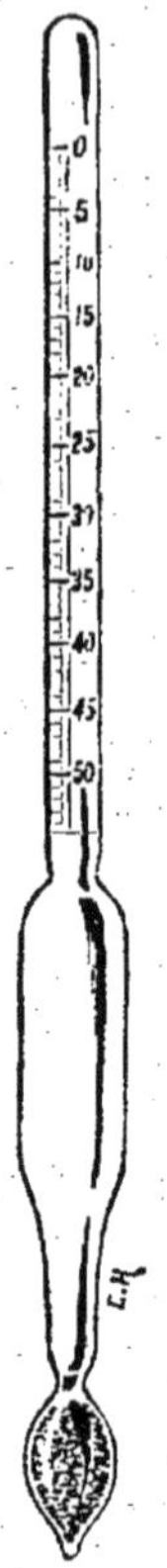

Les aréomètres Baumé destinés aux liquides moins denses que l'eau sont appelés *pèse-esprits* ou *pèse-liqueurs* (fig. 41). On les leste de façon à les faire affleurer au bas de la tige cylindrique dans une dissolution de 10 grammes de sel marin pour 90 grammes d'eau, et l'on marque zéro en ce point. Puis on marque 10 au point d'affleurement dans l'eau pure. On divise l'espace compris entre les points 0 et 10 en 10 parties égales ou *degrés*, et on poursuit des divisions égales jusqu'au sommet de la tige.

Fig. 40.
Pèse-sels.

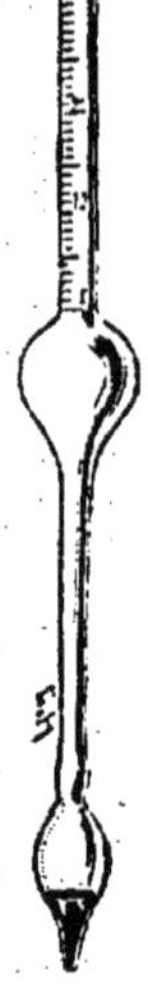

Fig. 41.
Pèse-liqueurs.

Les graduations de ces deux espèces d'instruments ont été choisies arbitrairement par Baumé ; elles sont du reste absolument indépendantes l'une de l'autre. Ces appareils ne fournissent donc que des renseignements sur le plus ou moins de concentration des liqueurs livrées au commerce. Ainsi l'acide sulfurique ordinaire doit marquer 66° au pèse-acides et l'éther ordinaire 36° au pèse-esprits. Si ces liquides donnent un degré moindre, c'est que leur concentration n'est pas suffisante; mais le saréomètres n'indiquent pas la proportion d'eau qui y entre.

Alcoomètre centésimal de Gay-Lussac. — GAY-LUSSAC a imaginé un alcoomètre permettant de mesurer rapidement la quantité d'alcool qui se trouve dans un mélange d'eau et d'alcool, ou, suivant l'expression habituelle, de déterminer la richesse alcoolique de (mélange.

L'alcoomètre de Gay-Lussac a la même forme que les aréomètres de Baumé; il en diffère par la graduation. On le plonge dans l'alcool absolu, on règle le lest de façon à produire l'affleurement au haut de la tige et on marque 100 en ce point. Puis, dans une éprouvette graduée on verse 99 centilitres d'alcool et on ajoute de l'eau pure jusqu'à former un litre[1]; on y fait flotter l'alcoomètre et on marque 99 au point d'affleurement. L'éprouvette ayant été vidée, on y verse à nouveau 98 centilitres d'alcool et on complète le litre avec de l'eau; puis on marque 98 au point d'affleurement de l'aréomètre dans ce mélange; et ainsi de suite jusqu'à ce qu'on fasse flotter l'appareil dans l'eau pure, en marquant zéro. Si dans la suite on plonge l'alcoomètre dans un mélange inconnu d'alcool et d'eau et s'il marque 48°, on pourra affirmer qu'un litre de ce liquide contient 48 centilitres d'alcool absolu.

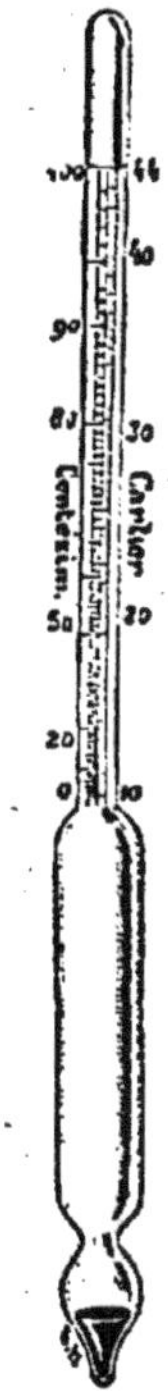

Fig. 42.
Alcoomètre
centésimal
de
Gay-Lussac.

On peut constater que les divisions ne sont pas également espacées et que leur distance diminue constamment à mesure qu'on se rapproche du zéro. Cependant, pour plus de rapidité dans la graduation, on ne détermine généralement dans la pratique que les points 100, 95, 90, 85....., c'est-à-dire les divisions de 5 en 5, et on partage les longueurs

1. Il ne faut pas dire qu'on ajoute un centilitre d'eau, car le mélange d'alcool et d'eau a un volume plus petit que la somme des volumes de l'alcool et de l'eau séparés; il y a contraction au moment du mélange.

comprises entre deux traits consécutifs en 5 parties égales. Il est clair que par ce procédé la graduation est moins rigoureuse.

Mais, dans tous les cas, les indications de cet instrument n'ont de valeur que si le liquide ne contient réellement que de l'alcool et de l'eau. Ainsi, plongé dans du vin, il ne marquerait pas le nombre de centilitres d'alcool que contient un litre de ce vin. Il faut donc préalablement extraire par distillation l'alcool de ce vin, y ajouter ensuite de l'eau pure pour reformer

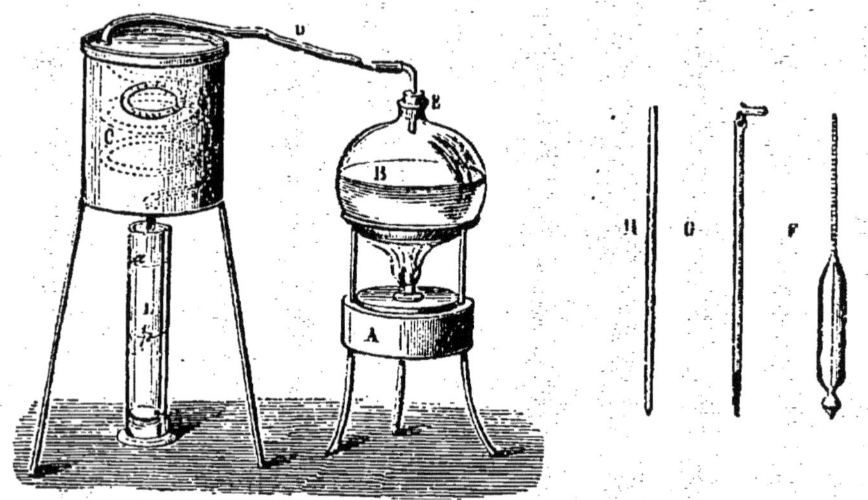

Fig. 43. — Alambic Salleron.

le volume primitif du vin et alors seulement y plonger l'alcoomètre. *L'alambic Salleron* (fig. 43) permet d'effectuer rapidement cette opération. Dans un petit ballon B on introduit un certain volume de vin remplissant une petite éprouvette jusqu'à un trait *a* marqué sur le verre; le ballon chauffé par une lampe à alcool A est mis en communication, au moyen d'un tube en caoutchouc D, avec un serpentin C refroidi par de l'eau; l'alcool distille avant les autres substances contenues dans le vin et s'écoule dans la même petite éprouvette à pied L; dès que le volume du liquide recueilli est égal à $\dfrac{1}{3}$ du volume du vin, l'expérience prouve qu'il ne reste plus d'alcool dans le ballon.

On remplit alors l'éprouvette avec de l'eau jusqu'au trait de repère *a* et c'est dans ce liquide qu'on fait flotter l'alcoomètre. (Cet appareil ayant été gradué à la température de 15°, ses indications à une autre température ont besoin d'être corrigées au moyen d'une table qui accompagne toujours l'instrument.)

CHAPITRE IV

Hydrostatique des gaz.

Propriétés générales des gaz. — Les gaz, comme nous l'avons dit en commençant, sont des corps fluides, c'est-à-dire des corps dont la forme dépend de celle des récipients qui les contiennent.

La *compressibilité* des gaz est très considérable par rapport à celle des liquides et des solides. Chacun sait qu'un ballon en caoutchouc, plein d'air, diminue notablement de volume quand on le comprime. Le fait est plus visible encore quand on emploie le *briquet à air* (fig. 44): c'est un manchon de verre épais fermé à un bout par une garniture métallique; par l'autre extrémité on peut introduire un piston en cuir graissé muni d'une tige en fer terminée par un gros bouton de buis; on peut emprisonner ainsi une certaine quantité d'air dans le tube et, quand on presse le piston, il s'enfonce graduellement en diminuant le volume du gaz. On peut remarquer que, à mesure que le piston s'enfonce, il faut développer un effort de plus en plus grand et que, par suite, la pression que le gaz exerce sur la base du piston augmente à mesure que son volume diminue.

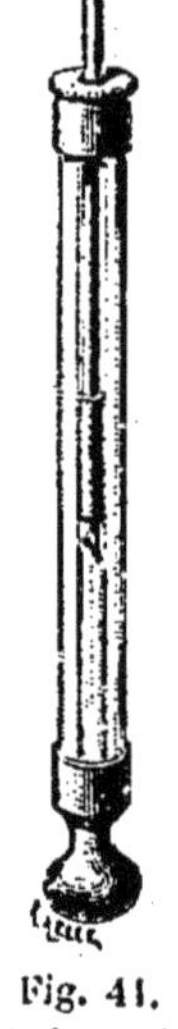

Fig. 41.
Briquet à air.

Les gaz sont caractérisés aussi par la propriété qu'on nomme *expansibilité* : ils tendent toujours à occuper le plus grand volume possible et par conséquent remplissent toujours com-

plètement les récipients qui les contiennent, quelque grandes
que soient leurs dimensions. Prenons une vessie V contenant
un peu d'air et fermée par un robinet, et plaçons-la sous une
cloche C de laquelle nous extrairons graduellement l'air qui s'y
trouve au moyen d'une *machine pneumatique* (fig. 45); nous con-
staterons que la vessie va se gonfler jus-
qu'à être complètement tendue. L'air
intérieur est donc expansible, il presse
contre les parois de la vessie pour donner à son volume la plus grande valeur
possible; si d'abord la vessie était flasque
et non gonflée, c'est que l'air atmosphérique pressait lui-même contre les parois extérieures; dès que cet air extérieur
a été enlevé, l'expansibilité du gaz intérieur s'est manifestée.

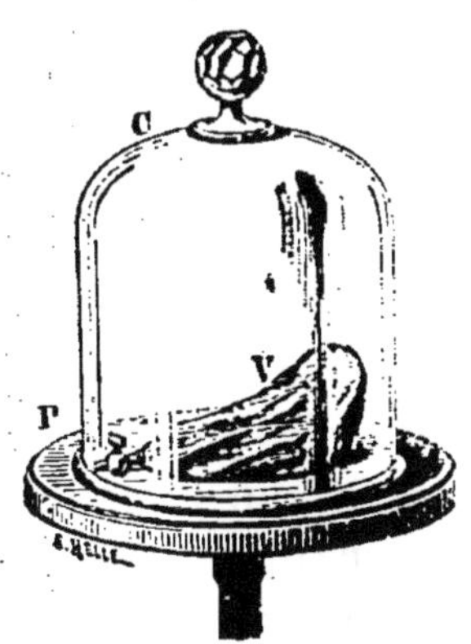

Fig. 45. — Expansibilité
des gaz.

Si maintenant nous venons à per-
mettre à l'air atmosphérique de rentrer
sous la cloche, on voit la vessie s'affaisser et reprendre son
état initial. Donc les gaz sont *parfaitement élastiques*, puisqu'ils
reprennent le même volume quand ils sont soumis à la même
pression.

Pesanteur des gaz. — Pendant longtemps on a cru que
les gaz échappent à l'action de la pesanteur. On peut montrer
facilement aujourd'hui que l'air et les gaz sont des corps matériels pesants comme tous les autres, mais d'un poids spécifique beaucoup plus faible que chez les solides ou les liquides.
Pour cela on prend un grand ballon de verre dont le col est
muni d'une garniture métallique à robinet, on le suspend sous
le plateau d'une balance et on fait la tare; puis, le robinet
étant ouvert, on le visse sur le conduit d'une machine pneumatique et on enlève une partie de l'air qu'il contient; on
ferme le robinet et on rapporte le ballon sous le plateau de la
balance : on constate ainsi qu'il a diminué de poids. Pour
rétablir l'équilibre dans la position initiale, il faut ajouter dans
le plateau qui surmonte le ballon des poids marqués qui com-

pensent le poids de l'air enlevé. Si on a vidé complètement
un ballon de 10 litres de capacité primitivement plein d'air,
dans les conditions où il se trouve dans l'atmosphère, on
constate que les poids marqués à ajouter sont d'environ 13
grammes; donc le poids d'un litre est d'environ $1^{gr},3$. Le
poids spécifique de l'air ordinaire serait donc 0,0013, nombre
très petit par rapport à la densité de l'eau qui est 1.

Force élastique d'un gaz. — Lorsqu'un gaz quelconque est enfe mé dans un récipient, il presse, en vertu de
son expansibilité, contre les parois de ce récipient. Ainsi la
vapeur d'eau, qui est un corps gazeux, exerce une pression en
tous les points de l'intérieur de la chaudière d'une machine,
avec une force qui peut aller jusqu'à faire voler cette chaudière en éclats.

On appelle *force élastique* d'un gaz la pression que ce gaz
exerce sur un centimètre carré de la paroi plane du récipient
qui le contient. Cette pression par centimètre carré est très
sensiblement la même en tous les points de la paroi, à moins
que le récipient n'ait une grande hauteur ou que le gaz ne soit
fortement comprimé : dans ce cas il n'y aurait pas égalité
entre les pressions sur deux centimètres carrés pris à des niveaux différents et l'excès de l'une sur l'autre serait, comme
pour les liquides, égal au poids d'une colonne de ce gaz ayant
pour base un centimètre carré et pour hauteur la distance des
plans horizontaux passant par les deux surfaces considérées.
Mais, dans les conditions ordinaires, il n'y a pas de différence
appréciable entre les pressions exercées par un gaz sur tous
les centimètres carrés qui constituent ses parois. La force élastique d'un gaz est donc la même en tous ses points.

Pression atmosphérique. — L'air atmosphérique qui
entoure le globe terrestre forme à la surface une couche dont
l'épaisseur n'est pas connue, mais que, pour diverses raisons,
certains observateurs évaluent à plus de 300 kilomètres.

On appelle *pression atmosphérique* en un lieu donné, la force
élastique de l'air libre en ce lieu. Il est clair que la valeur de
cette pression va en diminuant à mesure que l'on s'élève dans

l'atmosphère : les couches supérieures de l'air atmosphérique, pesant sur les couches inférieures, les compriment et cette compression est d'autant plus grande que la couche considérée est plus voisine du sol. L'air ainsi condensé au voisinage du sol y acquiert une force élastique considérable dont nous pouvons nous donner une idée par les deux expériences suivantes dues à Otto de Guéricke, bourgmestre de Magdebourg.

Crève-vessie. — Hémisphères de Magdebourg.

—Sur un manchon de verre C on lie fortement avec un fil ciré une peau de vessie V qui ferme ainsi hermétiquement l'une des extrémités ; l'autre extrémité a ses bords rodés à l'émeri sur un plan de verre P. On enduit les bords plans du manchon d'un corps gras et on les applique fortement contre la platine de la machine pneumatique. A ce moment la membrane est tendue horizontalement, parce qu'elle est pressée également des

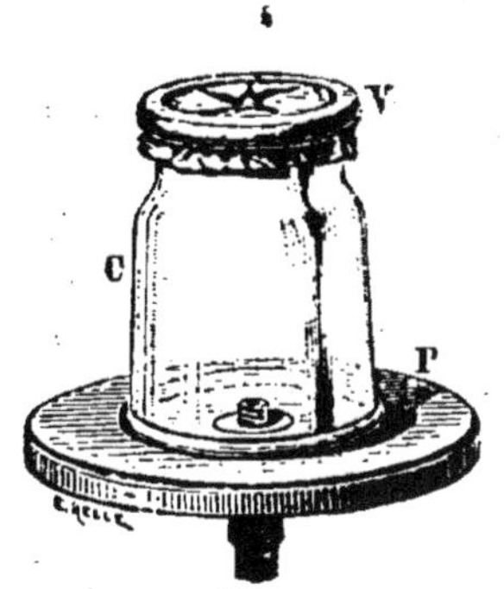

Fig. 46. — Crève-vessie

deux côtés par l'air atmosphérique. Mais dès que la machine a enlevé une partie de l'air intérieur et diminué, par conséquent, la force élastique de l'air restant, la membrane devient concave et sa courbure s'accroît jusqu'au moment où elle crève sous l'effort de la pression atmosphérique (fig. 46) : d'où le nom de *crève-vessie* donné à cet appareil.

L'expérience des *hémisphères de Magdebourg* (fig. 47) montre mieux encore la grande valeur de la pression atmosphérique. Deux hémisphères creux en laiton H et H' peuvent former une boîte sphérique en s'adaptant l'un à l'autre avec un cuir gras interposé. L'un des hémisphères est muni d'un anneau, l'autre présente un canal à robinet R aboutissant à l'extérieur et pouvant se visser sur le conduit de

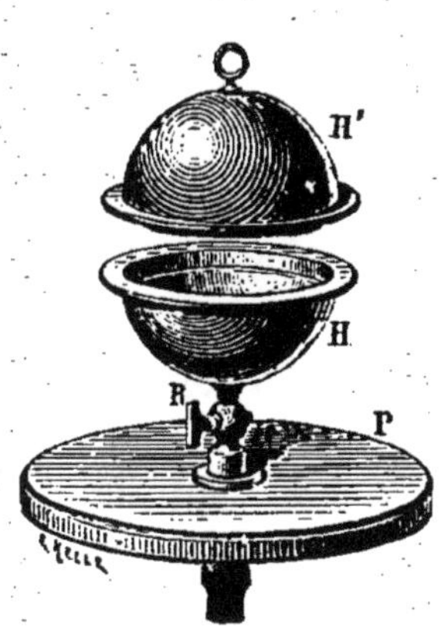

Fig. 47. — Hémisphères
de Magdebourg.

la machine pneumatique. Quand on vient de fermer la boîte à l'air libre, le moindre effort suffit pour vaincre l'adhérence du cuir gras au laiton et séparer les hémisphères. Mais ensuite la boîte sphérique est vissée sur la machine pneumatique, on enlève l'air qu'elle contient et on dévisse après avoir fermé le robinet; un effort très considérable, dépassant souvent la force de deux hommes, est alors nécessaire pour séparer les deux hémisphères.

Expérience de Torricelli. — On sait que lorsqu'on veut élever l'eau d'un puits dans un tuyau au moyen d'une pompe, la pompe commence par enlever l'air que contient ce tuyau et que l'eau monte graduellement à mesure que l'air est rejeté. Avant GALILÉE, on donnait pour raison à ce phénomène que *la nature a horreur du vide* et que l'eau monte pour combler le vide. Mais, en 1640, les fontainiers chargés de faire monter l'eau de l'Arno jusqu'au palais du grand-duc de Florence, furent étonnés de constater que la pompe ne pouvait faire monter l'eau au-dessus d'une hauteur de 32 pieds (environ 10 mètres). Il était difficile d'admettre que l'horreur qu'éprouve la nature pour le vide soit limitée à 32 pieds. GALILÉE consulté ne put, malgré son génie, donner la véritable explication du phénomène. TORRICELLI, qui succéda à GALILÉE dans la chaire de mathématiques, à Florence, pensa qu'en remplaçant l'eau par du mercure on ne pourrait soulever ainsi qu'une colonne de liquide beaucoup moindre. Son élève, VIVIANI, fit à ce sujet une expérience que nous allons décrire et que TORRICELLI répéta et publia ensuite, d'où son nom d'*expérience de Torricelli :*

Il prit un tube de verre d'environ 1 mètre (fig. 48), fermé à un bout. Il le remplit complètement de mercure, le boucha avec le doigt et le retourna verticalement en plongeant l'extrémité dans le mercure d'une petite cuvette. Dès qu'il eut enlevé le doigt, le mercure abandonna le sommet du tube et descendit jusqu'à environ 76 centimètres du niveau dans la cuvette.

— TORRICELLI ne tarda pas à affirmer que le mercure se maintient dans le tube (ou que l'eau monte dans le tuyau d'une pompe) sous l'action de la pression que l'atmosphère exerce sur la surface extérieure du liquide : sur la surface C du mercure dans le tube ne s'exerce aucune pression puisque le vide existe dans l'espace B C; sur la surface A de la cuvette s'exerce, au contraire, la pression atmosphérique qui maintient le mercure soulevé dans le tube A C (fig. 49).

Expériences de Pascal. — PASCAL voulut vérifier les idées de TORRICELLI, et il le fit de deux manières différentes.

D'abord, il répéta l'expérience de TORRICELLI avec du vin au lieu de mercure. Si l'explication donnée est vraie, en remplaçant le mercure par du vin qui a une densité à peu près 13,6 fois moindre, on devra avoir une colonne de vin 13,6 fois plus grande que la colonne de mercure soulevée dans le

Fig. 48. — Expérience de Torricelli.

tube de TORRICELLI. PASCAL prit donc un tube d'une quinzaine de mètres, fermé à un bout, le remplit complètement de vin rouge et le retourna sur une cuve contenant du vin. Il put alors constater que le vin abandonnait l'extrémité supérieure du tube et restait soulevé à une hauteur d'environ 10 mètres.

C'était une première vérification. Voici la seconde. Si c'est bien la pression de l'air atmosphérique qui maintient le mercure dans le tube de TORRICELLI, cette colonne de mercure devra être d'autant plus petite que la pression e l'air sera plus faible, c'est-à-dire que le tube sera placé plus haut dans l'atmosphère. Pascal refit donc l'expérience de TORRICELLI au pied de la tour Saint-Jacques ; puis il transporta l'appareil au sommet de la tour : la colonne avait baissé de quatre millimètres et demi. — De plus, par les soins de son beau-frère Périer, il fit répéter la même expérience au bas et au sommet du Puy de Dôme au même moment, et la différence entre les deux colonnes de mercure fut de plus de 8 centimètres.

Évaluation de la pression atmosphérique. — L'expérience de Torricelli nous fournit un moyen simple pour

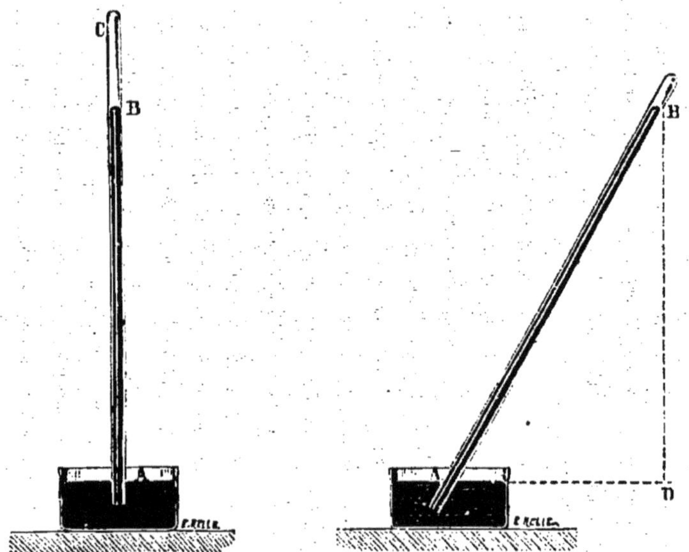

Fig. 49. — Évaluation de la pression atmosphérique.

Fig. 50. — Baromètre à tube incliné.

mesurer la pression atmosphérique en un lieu donné, c'est-à-dire pour déterminer la valeur de la pression que l'air atmosphérique exerce sur un centimètre carré en ce lieu.

Nous savons, en effet, que, dans un liquide en équilibre, la pression est la même sur toutes les portions de surface égales dans un même plan horizontal. Prenons un centimètre carré dans la surface libre de la cuvette : la pression qu'il supporte n'est autre chose que la pression atmosphérique. Considérons maintenant, à l'intérieur du tube et dans le même plan horizontal, un centimètre carré (fig. 49) : la pression qu'il supporte est égale au poids d'une colonne de mercure ayant pour base ce centimètre carré et pour hauteur la différence des niveaux AB. Pour avoir ce poids, nous savons qu'il suffit de multiplier le volume par la densité. Or ce volume est égal à 1^{cmq} multiplié par la hauteur AB qui est d'environ 76^{cm}; ce volume est donc d'environ 76 centimètres cubes; comme la densité est de 13,6, le poids de la colonne sera de $76 \times 13,6 = 1033$ grammes environ, c'est-à-dire plus d'un kilogramme.

Dans la pratique, au lieu de calculer ce poids, on se contente généralement de dire la hauteur de la colonne de mercure. Ainsi, par exemple, si cette colonne est en un lieu et à un jour donnés de 75^{cm}, on a coutume de dire que la pression atmosphérique est de 75^{cm}. Il est bien entendu que ce n'est là qu'une expression conventionnelle abrégée pour dire que la pression atmosphérique est égale au poids d'une colonne de mercure ayant pour base un centimètre carré et pour hauteur 75^{cm}.

II. — BAROMÈTRES

Les *baromètres* sont des appareils destinés à mesurer la pression atmosphérique. Celle-ci est, en effet, variable quand on passe d'un lieu à un autre. Bien plus, dans un même lieu, elle change constamment.

Baromètre à cuvette. — C'est un simple tube de Torricelli placé verticalement sur une large cuvette à mercure. Il est appliqué contre une planchette verticale graduée en centimètres et millimètres, le zéro de la graduation étant dans le plan de la surface libre de la cuvette. Pour mesurer la pression atmosphérique à un instant donné, il suffit donc de lire le chiffre qui est en regard du niveau libre dans le tube.

Il est clair que la surface libre dans la cuvette n'est pas à une hauteur absolument fixe, car elle descend quand le mercure monte dans le tube, et monte quand le mercure descend dans le tube. Dans les baromètres ordinaires, on donne à la cuvette une section assez grande par rapport à celle du tube pour que les petites variations de hauteur de la colonne de mercure n'entraînent pas de variations bien appréciables dans le niveau de la cuvette. Dans certains baromètres de précision (baromètre de FORTIN), le fond de la cuvette est en peau de chamois et peut être soulevé ou abaissé au moyen d'une vis; on peut ainsi, avant de faire une observation barométrique, amener constamment la surface libre de la cuvette au zéro de la graduation.

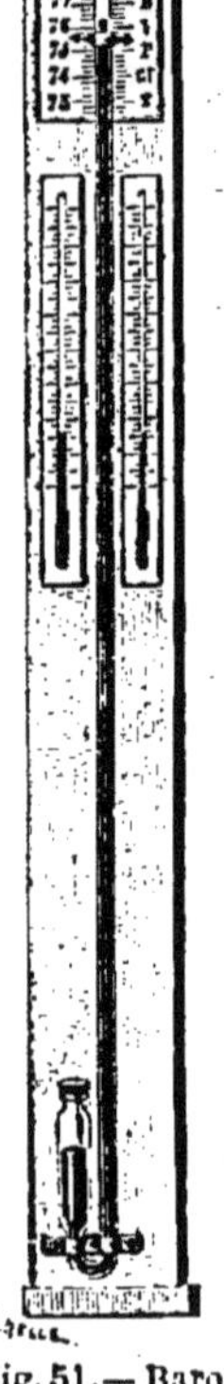

Il est bien entendu, enfin, qu'il faudra toujours que le tube soit vertical, sans quoi les chiffres lus représenteraient bien la longueur A B du tube comprise entre les surfaces libres dans le tube et dans la cuvette, mais non pas la différence B D de leurs niveaux qui est la grandeur à mesurer (fig. 50).

Pour construire un baromètre à cuvette, on remplit de mercure un tube d'environ un mètre de longueur. Comme le mercure ne mouille pas le verre, il reste toujours entre le liquide et la paroi de petites bulles d'air et une buée d'eau. Aussi, avant de retourner le tube, doit-on le placer sur une grille inclinée qu'on charge de charbons rouges; le mercure entre bientôt en ébullition et les vapeurs mercurielles entraînent avec elles la petite quantité d'air et de vapeur d'eau qui restait dans le tube. Quand le refroidissement s'est produit, on verse encore un peu de mercure pour remplacer celui qui est sorti pendant l'ébullition, et on retourne alors, comme dans l'expérience de TORRICELLI. Nous ferons connaître dans la suite d'autres procédés aujourd'hui employés pour la construction des baromètres à cuvette.

Fig. 51.— Baromètre à siphon.

Baromètre à siphon. — Le baromètre à siphon (fig. 51) se compose de deux branches réunies à leur partie inférieure; l'une, fermée, a au moins un mètre de longueur; l'autre, courte, est ouverte à l'atmosphère.

Pour construire l'appareil, on commence par verser du mercure dans la courbure, puis à incliner de façon à faire entrer ce mercure dans la grande branche; après trois ou quatre opérations semblables, la grande branche est complètement pleine de mercure. On fixe alors le baromètre dans la position verticale contre une planchette. Le mercure descend dans la grande branche en produisant une chambre barométrique qui doit être complètement vide de gaz, si on a eu la précaution de faire bouillir le mercure dans le tube avant de l'installer.

En répétant le même raisonnement que pour le baromètre à cuvette, on voit que la pression atmosphérique est représentée par une colonne de mercure, dont la hauteur est égale à la différence des niveaux. Pour lire cette hauteur, on a gradué la planchette dans toute sa longueur en marquant zéro à une division quelconque intermédiaire, puis les chiffres 1, 2, 3..... au-dessus et au-dessous du zéro; on observe les chiffres inscrits en face des deux niveaux, leur somme donne la hauteur cherchée.

Le *baromètre à cadran* (fig. 52), qu'on emploie souvent dans les appartements, est un baromètre à siphon dans lequel

Fig. 52. — Baromètre à cadran

la lecture de la pression barométrique se fait sur un cadran gradué empiriquement. Le tube barométrique est généralement dissimulé derrière une planchette, figurant vers son milieu un cadran autour du centre duquel est mobile une longue aiguille métallique. Cette aiguille est fixée au centre d'une petite poulie sur laquelle s'enroule un fil terminé à chaque extrémité par un petit poids; l'un de ces poids, très légèrement plus fort que l'autre, repose sur la surface libre du mercure dans la petite branche du baromètre et suit, par conséquent, son mouvement. On a marqué sur le cadran les hauteurs barométriques correspondant à chaque position de l'aiguille, de sorte qu'il suffit de lire à un moment donné le nombre qui est en face de l'aiguille pour avoir la pression atmosphérique.

Baromètres métalliques. —Les *baromètres métalliques* ou *anéroïdes* ou encore *holostériques* sont de constructions très diverses. L'un des plus répandus est celui de Vidie (fig. 53). Il se compose d'une petite boîte ronde et plate ; la paroi cylindrique est solide et ne se déforme pas ; les deux bases, au contraire, sont formées de membranes métalliques présentant des ondulations circulaires qui augmentent leur élasticité. La boîte, à peu près vide d'air, a été fermée hermétiquement et

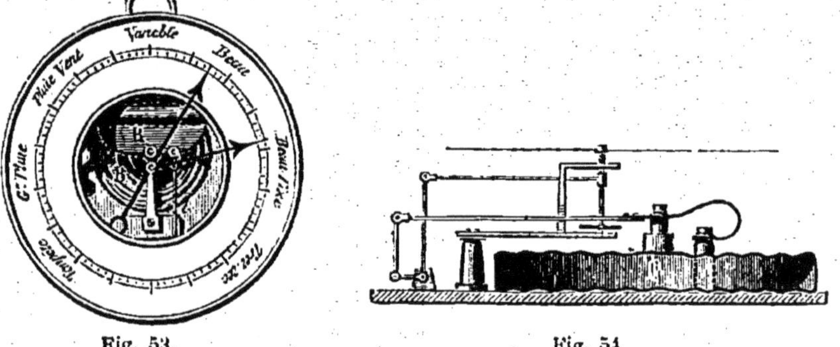

Fig. 53.

Fig. 54

Baromètre de Vidie.

soudée. La pression atmosphérique agit sur les deux bases pour les rapprocher et cette flexion est d'autant plus grande que la pression est plus grande. L'une des bases est fixée sur le fond d'une boîte (fig. 54) ; les mouvements de l'autre se transmettent par un système de levier et d'engrenages à une aiguille mobile autour d'un point fixe et dont l'extrémité se déplace devant un cadran. On a marqué une fois pour toutes sur le cadran en face des diverses positions de l'aiguille les hauteurs barométriques lues aux mêmes instants sur un baromètre à mercure.

Ces appareils sont en grand usage à cause de leur bas prix

et de leur petit volume. Malheureusement, comme nous l'avons dit au commencement de ce volume, les solides ne sont pas des corps parfaitement élastiques; il en résulte qu'au bout d'un certain temps de service les membranes métalliques de ces appareils ne reprennent pas rigoureusement la même forme pour la même pression atmosphérique; il faudrait donc de temps en temps les graduer à nouveau.

Prévision du temps. — La plupart des baromètres d'appartement, baromètres à cadran ou baromètres métalliques, portent autour de la graduation que nous avons décrite, des indications relatives au temps, telles que *tempête, grande pluie, vent, variable, beau temps, beau fixe, très sec.* Il ne faut accorder qu'une confiance médiocre à ces indications ; la hauteur barométrique en un lieu n'est, en effet, qu'un des nombreux éléments centralisés dans les observatoires météorologiques, qui interviennent dans la prévision du temps.

III. — COMPRESSIBILITÉ DES GAZ

Loi de Mariotte. — Nous avons reconnu précédemment que le volume d'un gaz dépend de la pression qu'il supporte. L'abbé MARIOTTE en France et BOYLE en Angleterre ont donné à peu près au même moment la loi qui relie le volume d'une masse gazeuse à sa force élastique. On peut l'énoncer de la façon suivante :

A une même température, le produit du volume d'une masse gazeuse par sa force élastique est un nombre constant.

Ceci veut dire que si on vient à diminuer de moitié le volume d'une masse gazeuse, la force élastique sera doublée, de telle sorte que le produit de ces deux quantités soit le même que précédemment. On voit que l'énoncé de la loi peut être remplacé par le suivant : *A une même température, les volumes d'une masse gazeuse sont en raison inverse des pressions qu'elle supporte.*

Voici comment MARIOTTE vérifiait sa loi, d'abord pour les

forces élastiques supérieures à la pression atmosphérique, puis pour les forces élastiques inférieures.

1° Le *tube de Mariotte* a la forme d'un baromètre à siphon (fig. 55) ; il en diffère en ce que c'est la grande branche qui est ouverte et la courte qui est fermée. On verse du mercure dans la grande branche de façon à emprisonner une certaine quantité d'air, on incline le tube pour laisser sortir quelques bulles afin que les deux niveaux du mercure soient dans un même plan horizontal et que par suite l'air emprisonné supporte la même pression que l'air atmosphérique. On lit le volume occupé par cet air sur une graduation que porte la planchette contre laquelle l'appareil est fixé verticalement. On verse alors du mercure dans la grande branche jusqu'à ce que le volume de l'air soit réduit de moitié : si la loi de Mariotte est exacte, la force élastique doit alors être égale au double de la pression atmosphérique ; or elle est représentée sur l'appareil par une colonne de mercure ayant pour hauteur la différence des niveaux dans les deux

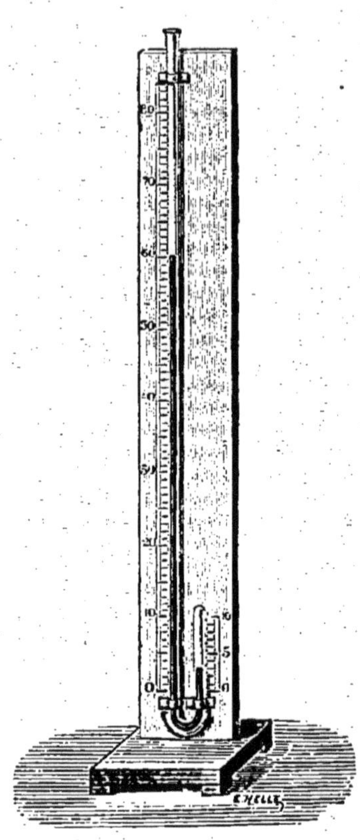

Fig. 55. — Tube de Mariotte pour les pressions supérieures à une atmosphère.

branches, augmentée de la pression qui s'exerce à la surface libre dans la grande branche et qui est égale à la hauteur barométrique au moment de l'expérience, et on constate précisément que la différence des niveaux est aussi égale à cette hauteur barométrique ; donc la force élastique de la masse gazeuse est bien le double de la pression atmosphérique. — Si l'appareil est assez long, on peut réduire l'air au $\frac{1}{3}$ de son volume primitif, et l'on constate que la différence des niveaux du mercure dans les deux branches est égale à deux fois la hauteur barométrique, ce qui, ajouté à la pression s'exerçant sur la surface libre de la grande branche, donne pour la force élastique de l'air emprisonné une valeur égale au triple de la pression atmosphérique.

2° Quand on veut vérifier la loi de MARIOTTE pour des forces élastiques inférieures à la pression atmosphérique, on se sert d'un tube semblable à celui de Torricelli, que l'on remplit incomplètement et que l'on retourne, après l'avoir fermé avec le doigt, sur une cuve à mercure de forme spéciale, qu'on nomme *cuvette profonde* (fig. 56). C'est un petit vase en verre dont le fond présente un orifice de 3 ou 4 centimètres de diamètre; sur cet orifice est fixé un tube vertical en fer de plus d'un mètre de longueur qui forme le fond de la cuvette. — Le tube cylindrique est gradué en centimètres et millimètres. — On commence, en enfonçant le tube, par amener le niveau du mercure dans le tube sur le même plan horizontal que la surface libre dans la cuvette ; on lit alors le volume de la masse gazeuse, qui supporte la pression atmosphérique.

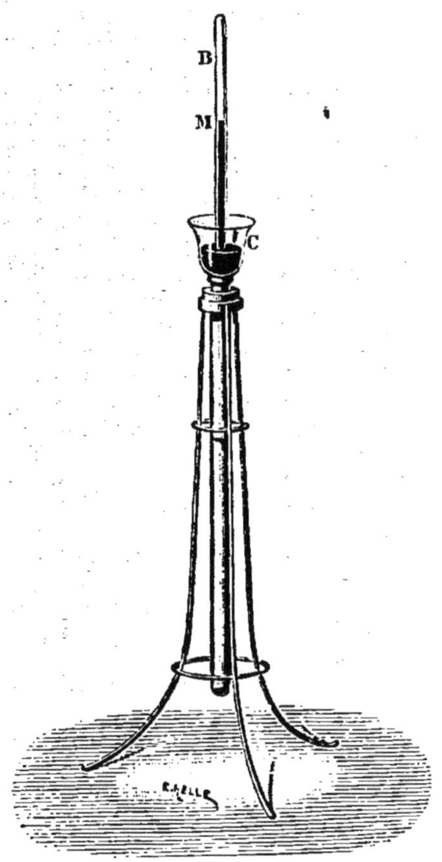

Fig. 56. — Tube sur cuvette profonde.

Puis on soulève le tube jusqu'à ce que le gaz occupe un volume double ; le mercure dans le tube est en M ; on constate que la différence des niveaux M C est égale à la moitié de la hauteur barométrique. Or, cette colonne de mercure augmentée de la force élastique du gaz compris dans le volume B M doit être égale à la pression atmosphérique qui s'exerce sur la surface libre de la cuvette ; donc la force élastique du gaz est égale à la moitié de la pression atmosphérique ; ce qui est conforme à la loi de Mariotte. — Si on soulève encore le tube jusqu'à faire occuper à la masse gazeuse un volume triple du volume primitif, on constate que la colonne de mercure soulevée est égale à $\frac{2}{3}$ de la hauteur barométrique et que par suite la force élastique du gaz est égale au $\frac{1}{3}$ de la pression initiale.

Exactitude de la loi de Mariotte. — Lorsqu'on diminue progressivement le volume d'une masse gazeuse suffisamment refroidie, il arrive toujours un moment où le corps comprimé passe de l'état gazeux à l'état liquide. Ainsi, à la température ordinaire, l'acide sulfureux se liquéfie sous une pression égale au double de la pression atmosphérique, l'acide carbonique sous une pression de 35 à 40 atmosphères. D'autres, comme l'oxygène, l'azote, l'hydrogène doivent être très fortement refroidis et exigent une pression beaucoup plus considérable pour passer à l'état liquide.

On a montré que la loi de Mariotte est d'autant moins exacte pour un gaz qu'il est plus près de l'état où il se transforme en liquide, c'est-à-dire, qu'il est plus voisin de son point de liquéfaction. Lorsqu'on comprime un gaz au voisinage de cet état, sa diminution de volume est toujours plus grande que ne l'indique la loi ; il ne faudrait donc pas appliquer cette loi à l'acide sulfureux entre 1 et 2 atmosphères, ni à l'acide carbonique au dessus de 15 atmosphères.

Mais, pour les gaz éloignés de leur point de liquéfaction, la loi de Mariotte est assez exacte pour qu'on puisse l'admettre dans la pratique ; elle est suivie très suffisamment par les gaz difficilement liquéfiables comme l'air, l'oxygène, l'azote, l'hydrogène, l'oxyde de carbone, etc. Lorsqu'on connaît le volume et la force élastique d'un gaz dans des conditions données, il est alors facile de calculer la force élastique qu'il prend quand on lui fait occuper un volume différent, ou le volume qu'il doit prendre si on veut lui donner une force élastique déterminée. Il suffit, en effet, d'écrire la loi de MARIOTTE :

Volume initial × pression initiale = volume nouveau × pression nouvelle.

On déduit de là soit :

$$\text{pression nouvelle} = \frac{\text{volume initial} \times \text{pression initiale,}}{\text{volume nouveau}}$$

soit :

$$\text{Volume nouveau} = \frac{\text{volume initial} \times \text{pression initiale,}}{\text{pression nouvelle}}$$

suivant qu'on s'est donné le volume nouveau ou la force élastique nouvelle.

Soit, par exemple, une masse gazeuse qui occupe d'abord un volume de 250 centimètres cubes avec une force élastique mesurée par 76 centimètres de mercure ; on demande quelle sera la force élastique de cette masse gazeuse réduite au volume de 50 centimètres cubes. Nous écrirons l'égalité précédente :

$$250 \times 76 = 50 \times \text{force élastique nouvelle,}$$

d'où nous tirerons :

$$\text{force élastique nouvelle} = \frac{250 \times 76}{50} = 380.$$

La force élastique nouvelle serait donc de 380 centimètres ou $3^{m},80$ de mercure.

On a souvent besoin, dans les recherches physiques, d'évaluer le volume d'un gaz sous la pression normale, c'est-à-dire sous la pression de 76 centimètres de mercure. Supposons qu'on veuille déterminer le volume qu'occuperait sous la pression normale une masse gazeuse dont le volume est de 38 centimètres cubes sous la pression de 60 centimètres de mercure ; on écrira :

$$38 \times 60 = \text{volume cherché} \times 76,$$

d'où :
$$\text{volume cherché} = \frac{38 \times 60}{76} = 30^{cc}.$$

IV. — MANOMÈTRES

Définition. — Il est souvent utile, dans la pratique, de connaître la force élastique d'un gaz ; dans les machines à vapeur en particulier, la puissance des parois est calculée de façon à résister à certaines forces élastiques qu'on ne dépassera pas.

Les *manomètres* sont des appareils destinés à mesurer la force élastique des gaz. Ces instruments donnent généralement la valeur de cette force élastique en colonne de mercure, c'est-à-dire, indiquent la hauteur de la colonne mercurielle de base égale à l'unité dont le poids serait égal à la force élastique du gaz. On peut classer les manomètres en trois groupes distincts : manomètres à air libre, manomètres à air comprimé, manomètres métalliques.

Manomètre à air libre. — Un *manomètre à air libre* peut être à siphon ou à cuvette. Dans le premier cas, il se compose de deux branches parallèles verticales réunies par leurs extrémités inférieures ; la grande branche est ouverte librement à l'air atmosphérique, la courte peut être mise en communication avec un réservoir à gaz quelconque ; du mercure se trouve dans la partie inférieure de l'appareil. Si le robinet R est ouvert à l'atmosphère, les deux niveaux A_0 et B_0 sont dans le même plan horizontal d'après le théorème relatif aux vases communicants (fig. 57). Mais si le robinet R fait communiquer l'appareil avec un récipient dans lequel la force élastique est supérieure à la pression atmosphérique, le niveau A_0 baisse en A et le niveau B_0 monte en B. La force élastique du gaz n'est autre que la pression sur l'unité de

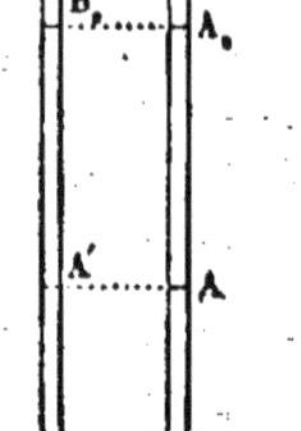

Fig. 57. — Manomètre à air libre.

surface du niveau A ou du plan horizontal A' de même hauteur; elle est donc représentée par la colonne de mercure A'B dont la hauteur est égale à la différence des niveaux dans les deux tubes, augmentée de la pression atmosphérique qui s'exerce en B et qui est donnée par la hauteur barométrique au moment de l'expérience.

Le manomètre à air libre peut être aussi composé d'un tube ouvert aux deux bouts et fixé par son extrémité inférieure dans une cuvette à mercure fermée dans laquelle s'exerce la pression du gaz. On met cette cuvette en communication avec le récipient à gaz : la force élastique de ce gaz est alors mesurée par une colonne mercurielle dont la hauteur est la somme de la différence des niveaux dans le manomètre et de la hauteur barométrique au moment de l'expérience.

Lorsqu'on ne demande à ces appareils que des indications approximatives, on fixe le tube contre une planchette en bois que l'on place verticalement; cette planchette est graduée généralement en atmosphères, c'est-à-dire, qu'on marque 1 au niveau de la cuvette supposé invariable à cause de sa grande section ; on marque 2 à 76 centimètres au-dessus, 3 à 76 centimètres au-dessus du chiffre 2, et on poursuit cette graduation jusqu'à l'extrémité supérieure de l'appareil. On divise ensuite en 10 parties égales les espaces compris entre 1 et 2, 2 et 3, etc. Lorsqu'un gaz en communication avec la cuvette du manomètre fera monter le mercure à la division 2,6, sa force élastique sera de deux atmosphères et six dixièmes.

Manomètre à air comprimé. — Les manomètres à air libre sont les meilleurs manomètres, parce qu'ils présentent toujours la même sensibilité ; quand la force élastique d'un gaz s'accroît de $\frac{1}{10}$ d'atmosphère, la différence des niveaux s'accroît toujours de 7^{cm},6 quelle que soit la force élastique initiale. Mais ils ont l'inconvénient d'être nécessairement longs dès que les pressions à mesurer s'élèvent, et difficiles à transporter.

Un *manomètre à air comprimé* (fig. 58) se compose d'un tube résistant fermé à sa partie supérieure et dont l'extrémité inférieure est fixée sur la boîte d'une cuvette semblable à celle du

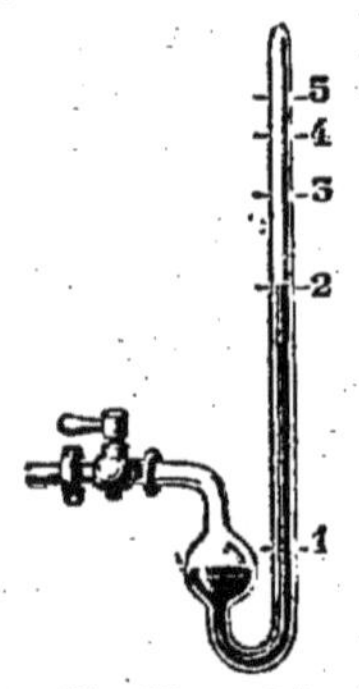

manomètre à air libre ou reliée à une autre branche. Le tube est rempli d'air de telle façon que, si la cuvette est ouverte à l'air libre, le niveau du mercure dans le tube soit à la même hauteur que dans la cuvette. Lorsqu'on met cet appareil en communication avec un récipient à gaz, le mercure monte dans le tube, mais moins haut que dans le manomètre à air libre, à cause de l'air enfermé dont la force élastique va en croissant à mesure que le mercure monte. On gradue cet appareil en l'installant avec un manomètre à air libre ou un manomètre quel-

Fig. 58. — Manomètre à air comprimé.

conque déjà gradué sur un même gazomètre dans lequel on accroît par degrés la force élastique du gaz ; et on marque sur la planchette qui supporte le tube, vis-à-vis du niveau du mercure, les nombres lus sur le manomètre gradué.

Manomètre métallique. — Le principe des *manomètres métalliques* (fig. 59) est le même que celui des baromètres anéroïdes. Toutefois les lames métalliques utilisées sont moins facilement déformables; si la pression à l'intérieur du tube reste constante, les variations de la pression atmosphérique n'ont pas d'influence appréciable sur les parois de la boîte. Mais si l'intérieur de la

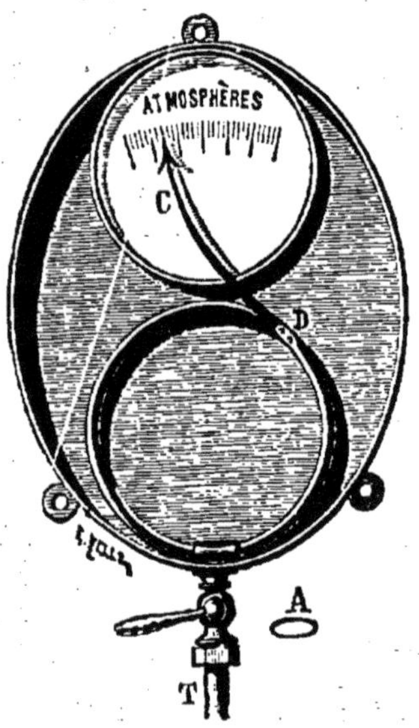

Fig. 59. — Manomètre Bourdon.

boîte est en communication avec un gaz d'une grande force élastique, les parois se déforment. Par un mécanisme ingénieux ces déformations impriment à une aiguille un déplacement d'autant plus grand que la force élastique intérieure est plus élevée. Ces appareils portent, comme les manomètres à air comprimé, une graduation obtenue par comparaison avec un manomètre déjà gradué.

V. — MÉLANGES DES GAZ ENTRE EUX ET AVEC LES LIQUIDES

Mélange des gaz. — Lorsqu'on met ensemble plusieurs gaz dans le même récipient, ces gaz se mélangent et la force élastique du mélange peut se calculer si l'on connaît les volumes et les forces élastiques initiales des gaz mélangés.

1re loi. — *Lorsqu'on met plusieurs gaz en contact, ils forment toujours, au bout d'un certain temps, un mélange homogène.*

On sait qu'il n'en est pas de même pour tous les fluides : ainsi l'eau, l'huile, le mercure, etc., placés dans un même vase restent séparés et se superposent suivant des lois que nous avons étudiées.

Le fait du mélange des gaz, sans agitation préalable, a été vérifié par BERTHOLLET. Deux ballons égaux à robinet étaient remplis, le premier d'acide carbonique, le second d'hydrogène, puis abouchés et placés à poste fixe, le 1er en bas, le 2e en haut, dans les caves de l'Observatoire de Paris. Quand tout était bien en place, BERTHOLLET ouvrait les deux robinets sans secousse et se retirait. Au bout de plusieurs heures, il venait avec beaucoup de précautions fermer les robinets et il analysait les gaz contenus dans les ballons. Malgré la grande densité de l'acide carbonique qui est 22 fois plus lourd que l'hydrogène, BERTHOLLET constatait que le premier gaz avait monté dans le ballon supérieur et que l'hydrogène était descendu : la composition des mélanges gazeux des deux ballons était identique.

2me loi. — *La force élastique d'un mélange gazeux est égale à la somme des forces élastiques qu'auraient les gaz mélangés si chacun d'eux occupait seul le volume du mélange.*

Cette loi se vérifie en introduisant dans une éprouvette

graduée pleine de mercure, sur la cuve à mercure (fig. 60),
des volumes connus de gaz mesurés sous des pressions con-

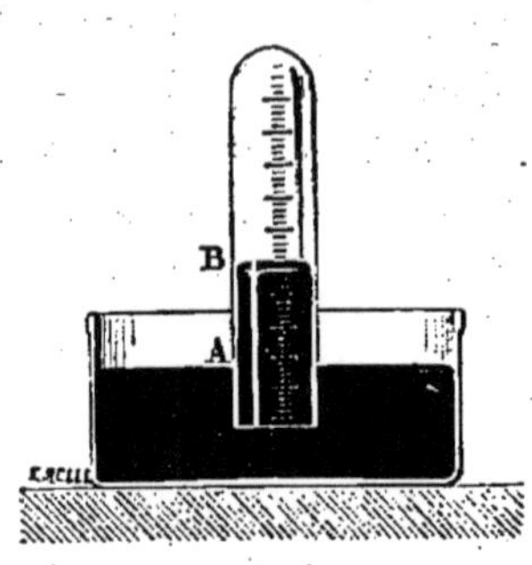

Fig. 60. — Mélange des gaz.

nues. On lit sur l'éprouvette graduée
le volume du mélange ; sa force élastique est égale à la hauteur barométrique diminuée de la différence
A B des niveaux du mercure dans
l'éprouvette et dans la cuvette. On
calcule alors, d'après la loi de MA-
RIOTTE, quelles seraient les forces élastiques des gaz mélangés si chacun
d'eux occupait seul le volume total,
et l'on constate que leur somme est
égale à la force élastique du mélange.

Application. — Dans un récipient vide de 2 litres de
capacité on introduit deux gaz dont l'un occupe un volume de
$1^l,5$ sous une pression de 76 centimètres de mercure et
l'autre un volume de 1 litre sous une pression de 42 centimètres. Trouver la force élastique du mélange.

Le 1er gaz aurait une force élastique égale à $\dfrac{1,5 \times 76}{2}$ sous
le volume de 2 litres, et le 2me une force élastique égale
à $\dfrac{1 \times 42}{2}$ sous le même volume. La force élastique du mélange

sera donc $\dfrac{1,5 \times 76}{2} + \dfrac{42}{2} = \dfrac{1.5 \times 76 + 42}{2} = 78$ centimètres.

Solubilité des gaz dans les liquides. — Lorsqu'on
met un gaz au contact d'un liquide, en général une portion
des molécules gazeuses va prendre place entre les molécules
du liquide ; la propriété des gaz de se dissoudre dans les
liquides est appelée *solubilité*.

Le phénomène de la dissolution d'un gaz dans un liquide
en équilibre dure un temps plus ou moins long suivant la
nature du gaz et la nature du liquide. Ainsi l'oxygène, au
contact d'une eau en repos, se dissout lentement et ce n'est

qu'au bout de plusieurs jours que l'équilibre s'établit, tandis que, avec le gaz ammoniac au contact de l'eau, le phénomène ne dure que quelques instants. Mais si on agite le liquide au contact du gaz, la dissolution s'effectue rapidement et l'on arrive tout de suite à faire dissoudre par le liquide tout le gaz qu'il est capable d'absorber dans les conditions de l'expérience. Lorsqu'on est arrivé à ce point, on peut constater qu'un même volume d'un liquide donné peut dissoudre des quantités diverses d'un gaz déterminé, suivant la force élastique de ce gaz.

1re loi. — *Les quantités d'un gaz dissoutes par un même volume d'un liquide donné sont proportionnelles à la pression que ce gaz exerce sur le liquide quand la dissolution est effectuée.*

2me loi. — *Lorsque plusieurs gaz sont mis ensemble au contact d'un liquide, chacun d'eux se dissout comme s'il était seul.*

On peut remarquer de plus qu'un liquide dissout d'autant moins de gaz qu'il est plus chaud. Lorsqu'il est chauffé jusqu'à l'ébullition, il n'en dissout plus du tout.

CHAPITRE V

Pompes à gaz et à liquides

---

1. — MACHINE PNEUMATIQUE

Définition. — Lorsqu'un gaz est enfermé dans un récipient, on peut extraire graduellement de ce récipient une
quantité de plus en plus
grande de ce gaz ; le gaz
qui reste continue à rem-
plir le récipient, mais sa
force élastique décroît. Une
machine pneumatique est un
appareil destiné à raréfier
ainsi un gaz contenu dans
un espace fermé.

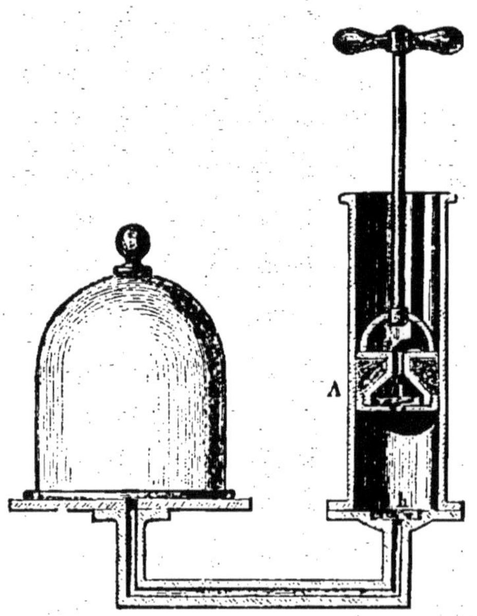

Fig. 61. — Coupe d'une machine pneumatique
simple.

**Description som-
maire.** — Une machine
pneumatique ordinaire
(fig. 61) se compose essen-
tiellement d'un cylindre en
verre appelé *corps de pompe*.
Dans ce cylindre joue un
piston A formé de rondelles
de cuir gras. Le fond du corps de pompe communique par
un canal métallique avec le récipient contenant le gaz que
l'on veut raréfier. L'orifice de ce canal dans le corps de pompe

peut être fermé par une soupape h s'ouvrant de bas en haut;
le piston est lui-même traversé par un canal muni d'une soupape I s'ouvrant également de bas en haut.

Le récipient dans lequel on veut faire le vide peut être
soit un ballon à robinet que l'on visse à l'extrémité du canal
métallique, soit une cloche en verre dont les bords bien
plans sont enduits d'une matière grasse et s'appliquent exactement sur un plan de verre travaillé avec soin, qu'on nomme
la *platine* de la machine pneumatique.

Fonctionnement. — Supposons le piston appliqué
contre le fond du corps de pompe, les deux soupapes h et I
sont fermées. Soulevons maintenant le piston : la soupape h
s'ouvrira parce qu'au-dessus d'elle il ne s'exerce aucune pression, tandis qu'au-dessous agit la force élastique du gaz du
récipient. Quand le piston est arrivé au haut de sa course, la
soupape h retombe. Vient-on alors à faire redescendre le
piston? Le gaz qui remplit le corps de pompe ne peut plus
repasser dans le récipient; il se comprime jusqu'à ce que sa
force élastique devienne un peu supérieure à celle de l'atmosphère; à ce moment la soupape I s'ouvre puisqu'elle ne supporte par dessus que la pression atmosphérique et, quand le
piston est arrivé au bas de sa course, il a rejeté ainsi hors de
l'appareil tout le gaz amené dans le corps de pompe. Un second
coup de piston produira un effet analogue, etc. La force élastique du gaz dans le récipient diminue donc à chaque coup
de piston, et on peut ainsi, en donnant un nombre de coups
de piston suffisant, rendre cette force élastique extrêmement
faible.

Supposons par exemple que le corps de pompe ait un volume égal au $\frac{1}{4}$ du volume du récipient. Quand on amène
pour la 1re fois le piston au haut de sa course, le volume
occupé par le gaz devient les $\frac{5}{4}$ de ce qu'il était d'abord, donc
sa force élastique, d'après la loi de MARIOTTE, n'est plus que
les $\frac{4}{5}$ de la force élastique initiale. Après le 2me coup de

piston, elle devient les $\frac{4}{5}$ de ce qu'elle était après le 1er coup de piston, c'est-à-dire $\frac{4}{5} \times \frac{4}{5} = \left(\frac{4}{5}\right)^2$ de la force élastique initiale; après le 3e coup de piston, ce sera $\left(\frac{4}{5}\right)^3$, etc.; après 50 coups de piston, par exemple, cette force élastique ne sera plus que $\left(\frac{4}{5}\right)^{50}$ de sa valeur primitive, nombre très petit.

Imperfections de la machine. — On conçoit donc qu'on pourrait ainsi diminuer indéfiniment cette force élastique, si la machine était parfaitement construite. Malheureusement, pour plusieurs causes, les meilleures machines ne permettent pas de viser à obtenir un vide de plus en plus parfait.

1° Les soupapes ne ferment pas d'une façon absolument hermétique, de sorte qu'il peut y avoir de petites rentrées, soit de l'air extérieur dans le corps de pompe, soit du gaz du corps de pompe dans le récipient.

2° Le piston ne s'applique pas exactement contre le fond du corps de pompe. Quand il est au bas de sa course, il existe toujours entre lui et la base du corps de pompe un espace plein d'air à la pression atmosphérique, qu'on appelle *espace nuisible*. Or la soupape I ne s'ouvre, pendant la descente du piston, qu'au moment où le gaz comprimé dans le corps de pompe acquiert une force élastique un peu supérieure à la pression atmosphérique; si donc ce gaz réduit au volume de l'espace nuisible n'atteint qu'à ce moment la pression atmosphérique, la soupape I ne s'ouvrira plus et la machine ne fonctionnera plus utilement; autrement dit, on aura beau mettre le piston en mouvement, on ne rejettera plus à l'extérieur la moindre portion du gaz intérieur. On dit alors que ce gaz a atteint la *limite de raréfaction* à laquelle puisse l'amener la machine. Il est facile de calculer cette limite. En effet, quand le piston est au haut de sa course, la force élastique dans le corps de pompe est égale à la force élastique dans le récipient ; or le gaz du corps de pompe réduit au volume de l'espace nuisible prend une pression égale à la pression atmosphérique ; on aura donc, en appliquant la loi de Ma- riotte, l'égalité suivante :

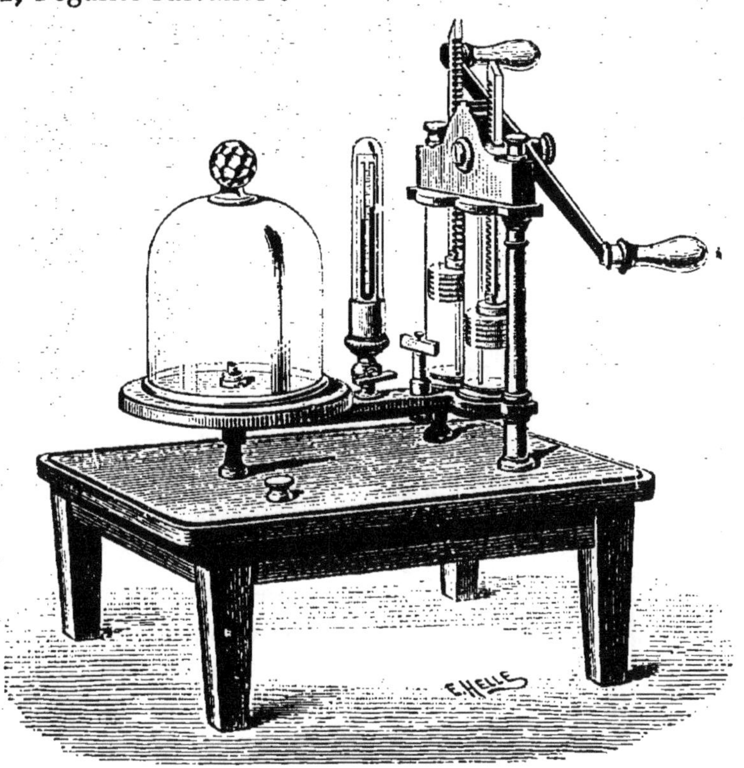

Fig. 62. — Machine pneumatique à deux corps de pompe.

Volume du corps de pompe × force élastique limite = vo- lume de l'espace nuisible × pression atmosphérique.

Donc :

$$\text{f. élastique limite} = \frac{\text{vol. de l'espace nuisible}}{\text{vol. du corps de pompe}} \times \text{pression atm}^{\text{que}}.$$

Si par exemple le volume du corps de pompe est égal à 1000 fois le volume de l'espace nuisible, la force élastique limite sera égale à la millième partie de la pression atmo- sphérique.

Machine à deux corps de pompe. — En général, les machines pneumatiques ordinaires sont à deux corps de pompe égaux qui communiquent par leur base avec le même canal aboutissant à la platine (fig. 62). Les tiges des pistons sont à crémaillère et engrènent avec le même pignon denté que l'on met en mouvement alternativement dans un sens et dans l'autre au moyen d'une manivelle double. Le jeu est calculé de telle façon que l'un des pistons soit au haut du corps de pompe quand l'autre est au bas de sa course.

La soupape du fond de chaque corps de pompe a la forme d'un tronc de cône qui s'emboîte exactement dans une cavité de même forme à l'orifice du canal (fig. 63). Cette soupape est munie d'une tige verticale qui glisse à frottement dur dans le piston ; elle s'engage également dans la base supérieure du corps de pompe qui ne ferme pas ce cylindre, et elle présente, au voisinage de son extrémité et en dedans du corps de pompe, un petit taquet qui limite sa course à un ou deux millimètres ; dès que le piston se soulève, la soupape s'ouvre, mais

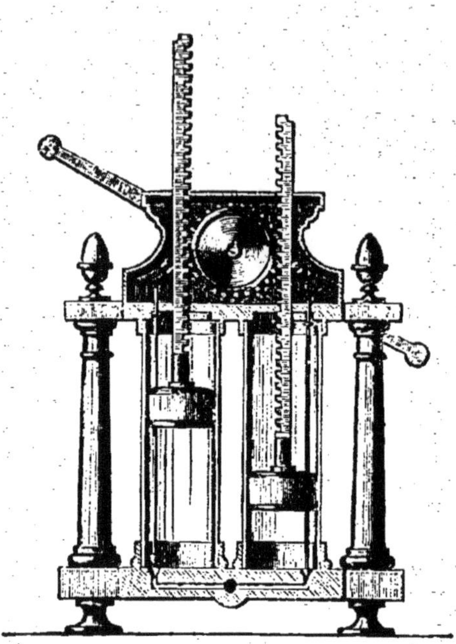

Fig. 63. — Corps de pompe de la machine pneumatique.

elle est arrêtée immédiatement par le taquet supérieur ; quand le piston redescend, il entraîne avec lui la tige qui ferme aussitôt la soupape.

Chaque piston est creux et ouvert à sa face supérieure. La face inférieure porte un orifice contre lequel est appliqué un petit disque métallique maintenu par un faible ressort à boudin et formant ainsi une soupape facile à soulever.

Sur le canal qui relie les corps de pompe à la platine se trouve un robinet qu'on nomme *la clef* de la machine (fig. 64).

Il est troué suivant un de ses diamètres comme tous les robinets. De plus, dans la même section, il présente un orifice M qui est l'une des extrémités d'un canal M N allant déboucher à l'air en N et pouvant être fermé par un petit bouchon métallique. Cette disposition permet de faire communiquer les corps de pompe avec le récipient, ou les corps de pompe avec l'atmosphère, ou le récipient avec l'atmosphère, ou enfin d'intercepter toute communication.

Entre la clef et la platine se trouve une petite cloche en verre embranchée sur le canal et contenant un petit manomètre destiné à faire connaître à chaque instant la force élastique du gaz restant dans le récipient (fig. 65). C'est un petit baromètre à siphon dont la branche fermée est très courte, les forces élastiques que l'on veut évaluer étant

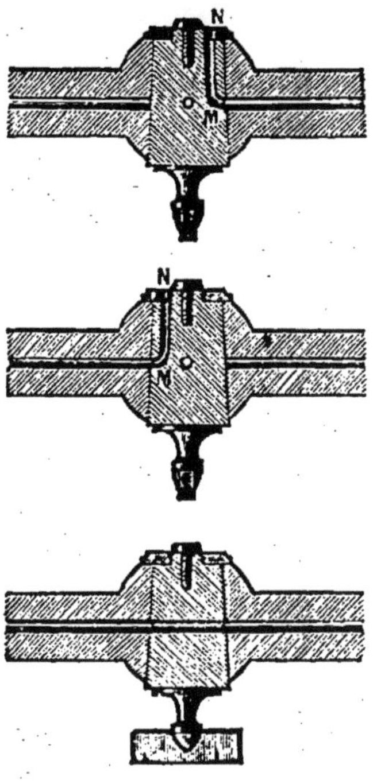

Fig. 64. — Clef de la machine pneumatique.

très faibles ; une graduation inscrite sur une lame métallique portant le manomètre permet de lire la différence des niveaux qui représente la pression du gaz.

II. — MACHINE DE COMPRESSION

Définition. — Une *machine de compresion* (fig. 66) est un appareil destiné à introduire de l'air dans un récipient, en augmentant graduellement sa force élastique. Lorsque le gaz n'est pas de l'air, on est obligé de le puiser dans un réservoir avant de le fouler dans le récipient ; l'appareil qui remplit ces deux fonctions est appelé *pompe de compression.*

Description. — Une machine de compression peut avoir

identiquement la même forme qu'une machine pneumatique;
les soupapes seules sont renversées et sont toutes deux mu-
nies de ressorts à boudin.

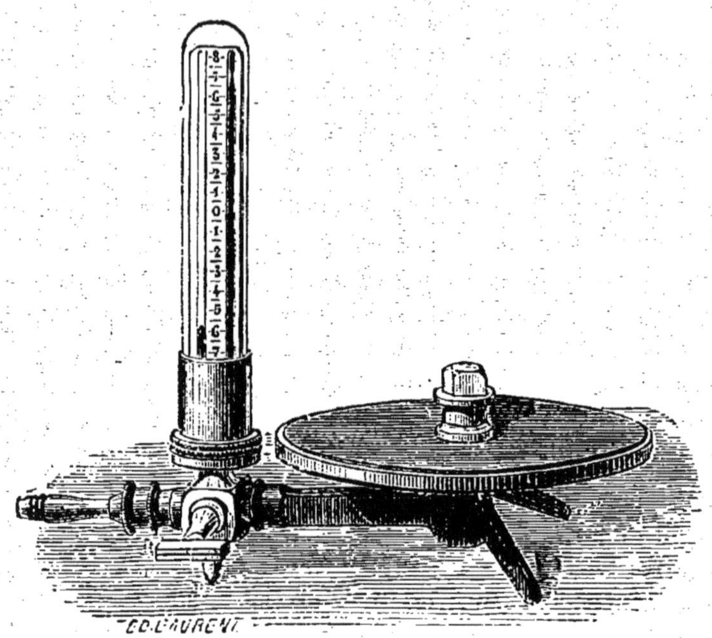

Fig. 63. — Manomètre de la machine pneumatique.

Dans une pompe de compression, le piston est généralement plein. Au bas du corps de pompe se trouvent deux ca-
naux munis de soupapes maintenues par des ressorts à boudin et s'ouvrant en sens contraire l'une de l'autre. Celle qui
s'ouvre de dehors en dedans est mise en communication avec
le réservoir dans lequel on puisera le gaz, l'autre avec le récipient qui doit recevoir ce gaz. Cet appareil pourra servir à
fouler de l'air, si on laisse ouvert à l'air libre le canal muni
de la première soupape. Il servira de machine pneumatique,
si c'est l'autre canal qu'on laisse ouvert à l'atmosphère.

Fonctionnement. — Le piston étant au bas de sa course,
si on le soulève, la soupape d'entrée s'ouvre et la soupape de
sortie reste fermée, le gaz du réservoir se répand dans le corps

de pompe. Quand le piston est arrivé au haut de sa course, la soupape d'entrée se ferme par l'effet du ressort à boudin ; et, si le piston descend, le gaz comprimé dans le corps de pompe ouvre la soupape de sortie et passe dans le récipient. A chaque coup de piston, la force élastique va donc en diminuant dans le réservoir et en augmentant dans le récipient.

Comme il y a toujours un espace nuisible, la machine cessera de fonctionner utilement lorsque le gaz qui remplit le corps de pompe à la pression du réservoir n'atteindra pas par sa réduction au volume de l'espace nuisible une pression supérieure à celle du récipient. Donc, d'après la loi de Mariotte, le rapport des pressions limites

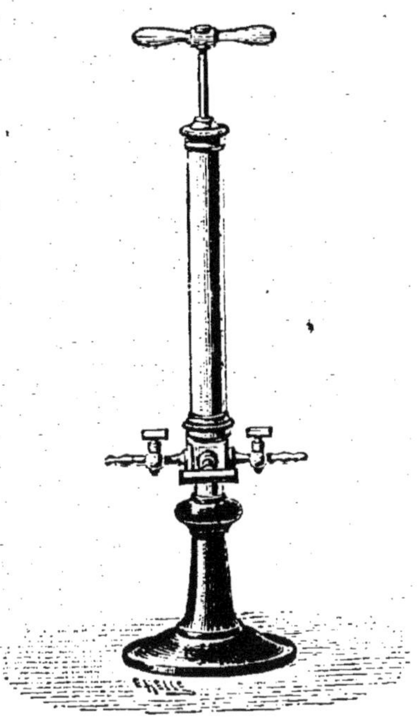

Fig. 66. — Pompe de compression.

dans le récipient et dans le réservoir est égal au rapport des volumes du corps de pompe et de l'espace nuisible.

Mais ici, comme dans la machine pneumatique, l'imperfection des soupapes produisant de légers échanges de gaz ne permettra pas d'arriver à ce résultat final.

III. — APPLICATIONS

Imaginons une cloison horizontale XY, partageant l'espace en deux parties (fig. 67) ; un tube long traverse cette cloison et plonge par son extrémité inférieure dans de l'eau. Suppo-

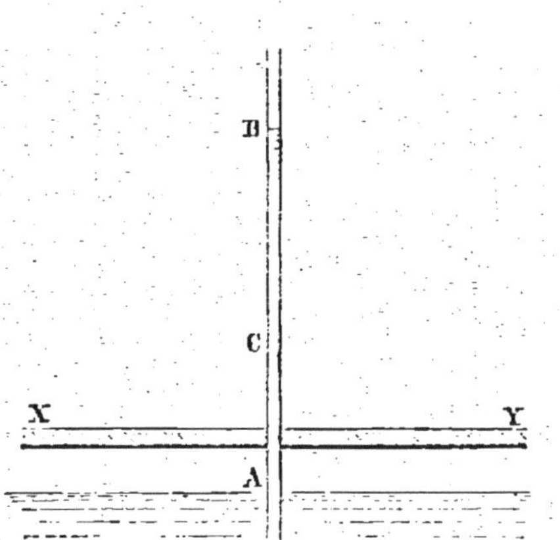

Fig. 67.

sons que l'air qui baigne cette cloison de part et d'autre ait,
au-dessous de la cloison, une force élastique supérieure à celle
qu'il possède au-dessus. Dans ce cas, l'eau sera dans ce tube
à un niveau B supérieur au niveau général A dans le réservoir
inférieur : la pression en B augmentée du poids d'une colonne d'eau de hauteur A B est égale à la pression en A dans
le milieu inférieur.

Si, à un moment donné, on vient à supprimer la partie
supérieure du tube, jusqu'au point C par exemple, la colonne
d'eau retombera en gerbe, et,
comme l'eau tendra continuelle-
ment à monter jusqu'au niveau B,
il se produira un jet d'eau continu.

On a deux moyens pratiques de
réaliser cette expérience : 1° l'air
inférieur peut être laissé à la
pression atmosphérique et l'air
supérieur raréfié au moyen de la
machine pneumatique, c'est le
cas du *jet d'eau dans le vide;* 2° l'air
supérieur peut être laissé, au contraire, à la pression atmosphérique et l'air inférieur comprimé
au moyen d'une machine de compression, c'est le cas de la
fontaine de compression.

Fig. 68.
Jet d'eau dans le vide.

Jet d'eau dans le vide. — L'appareil se compose d'un
récipient en verre, fermé à sa partie inférieure par un tube métallique à robinet pouvant se visser sur la machine pneumatique (fig. 68). On raréfie l'air de ce récipient, on ferme le
robinet et on plonge l'extrémité inférieure du tube dans un
vase contenant de l'eau. Dès qu'on ouvre le robinet, il se
produit à l'intérieur un jet d'eau qui persiste même après que
l'eau a recouvert l'extrémité supérieure du tube.

Fontaine de compression. — Cet instrument est
formé d'un récipient en laiton. Il porte à sa partie supérieure

un orifice fermé par un tube T plongeant jusqu'au voisinage
du fond et muni d'un robinet R (fig. 69). On peut visser sur
l'extrémité supérieure de ce tube
soit la machine de compression,
soit un petit ajutage effilé.

On commence par dévisser
le tube et remplir en partie le
récipient d'eau. On revisse le
tube ; puis, le robinet R étant
ouvert, on adapte la machine de
compression et on foule de l'air.
On ferme alors le robinet, on
enlève la machine de compression, qu'on remplace par l'ajutage effilé. Dès qu'on ouvre le
robinet, il se produit un jet
d'eau d'autant plus élevé que
l'air foulé a une force élastique
plus grande. Si on remplace cet
ajutage fixe par un ajutage pouvant tourner autour de son axe
vertical et dont les orifices d'é-

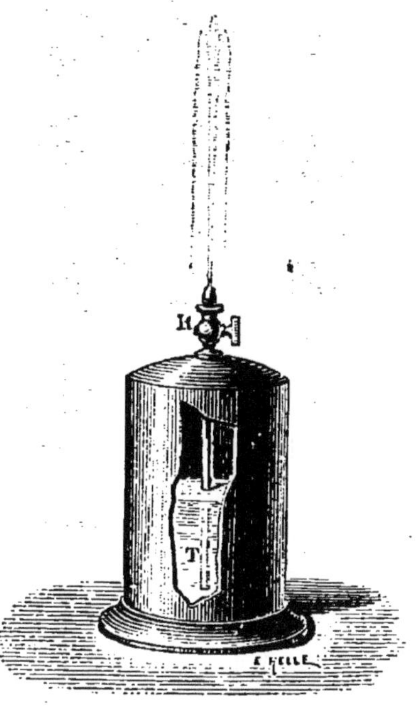

Fig. 69. — Fontaine de compression

coulement sont disposés comme dans le tourniquet hydraulique, ce petit appareil se mettra à tourner en sens contraire
de l'écoulement du liquide, pour les raisons données précédemment à propos du tourniquet hydraulique.

IV. — POMPES A LIQUIDES

Définition. — Les pompes à liquides sont des appareils
destinés à transporter les liquides à un niveau plus élevé. On
peut grouper les pompes en trois catégories : *Pompe aspirante,
pompe foulante, pompe aspirante et foulante.*

Pompe aspirante. — Une pompe aspirante se compose
d'un corps de pompe identique à celui qui a été représenté
dans la description sommaire de la machine pneumatique. A

la soupape inférieure est adapté un tube vertical qui plonge dans le puits dont on veut extraire le liquide (fig. 70) : c'est

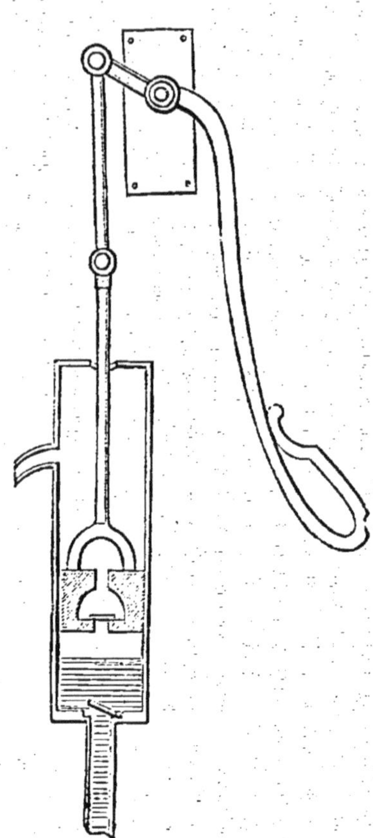

Fig. 70. — Pompe aspirante.

le *tuyau d'aspiration*. A la partie supérieure du corps de pompe se trouve un orifice d'écoulement.

Quand on met le piston en mouvement, la pompe fonctionne d'abord comme machine pneumatique, c'est-à-dire qu'elle raréfie graduellement l'air du tuyau d'aspiration. A mesure que la force élastique de cet air devient plus petite, le liquide monte dans le tuyau, de telle façon que, dans le plan horizontal de la surface libre du liquide dans le puits, la pression soit la même en tous les points, à l'intérieur du tuyau d'aspiration comme à l'extérieur. Après quelques coups de piston, le liquide arrive dans le corps de pompe ; lorsque le piston s'abaisse, la soupape d'entrée se ferme, la soupape du piston livre passage au liquide qui se trouve ainsi au-dessus du piston. Quand on soulèvera celui-ci, le liquide passé au-dessus sera amené dans le tuyau d'écoulement et le liquide du puits viendra remplir le corps de pompe au-dessous du piston. A partir de ce moment, la pompe est en plein fonctionnement.

Il est clair que le liquide ne pourra monter ainsi à une hauteur supérieure à la longueur d'une colonne de liquide représentant la pression atmosphérique, environ 76 centimètres si c'est du mercure, environ 10 mètres si c'est de l'eau. Et même, à cause des rentrées d'air par les soupapes qui ferment mal et par le pourtour du piston, il se trouve que, dans la pratique, l'eau ne monte guère au delà de 7 mètres. Si l'on veut porter l'eau à une hauteur plus grande, il faut remplacer le tuyau horizontal destiné à l'écoulement par un tuyau recourbé verticalement ; la pompe est dite alors *aspirante et élévatoire* (fig. 71). La hauteur à laquelle un liquide peut être ainsi élevé n'est plus limitée que par la force dont on dispose et qui doit s'accroître avec la hauteur de l'orifice d'écoulement au-dessus du niveau dans le puits.

Pompe foulante. — La pompe foulante est plongée dans le liquide à soulever (fig. 72). Le fond du corps de pompe présente deux orifices, l'un muni d'une soupape C s'ouvrant de dehors en dedans, l'autre d'une soupape D s'ouvrant de l'intérieur vers l'extérieur et d'un tuyau destiné à élever le liquide. Le piston est plein.

Imaginons qu'on soulève le piston, la soupape de sortie reste fermée, la soupape d'entrée s'ouvre et permet au liquide de remplir le corps de pompe, après quoi elle retombe ; si on abaisse

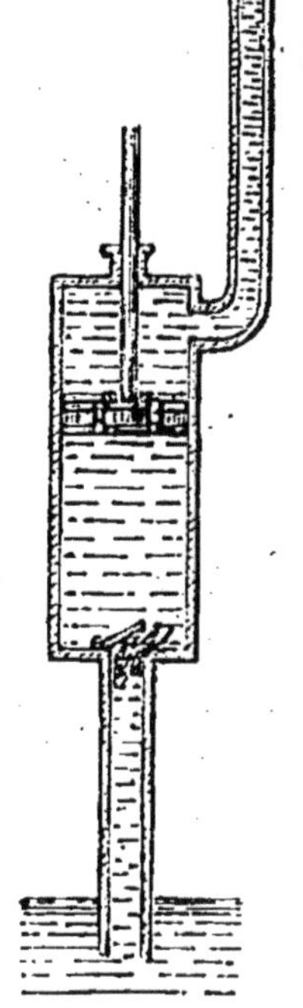

Fig. 71. — Pompe aspirante et élévatoire

alors le piston, la soupape de sortie s'ouvre et le liquide est foulé dans le tuyau d'écoulement. Donc, à chaque fois qu'on abaissera le piston, on rejettera à l'extérieur un volume de liquide égal au volume du corps de pompe.

On a parfois intérêt à rendre continu le jet de liquide qui ne se produit ici que pendant la course descendante du piston. On fait alors arriver le liquide dans un récipient contenant de l'air et muni d'un tuyau d'écoulement d'une section plus petite que la section du

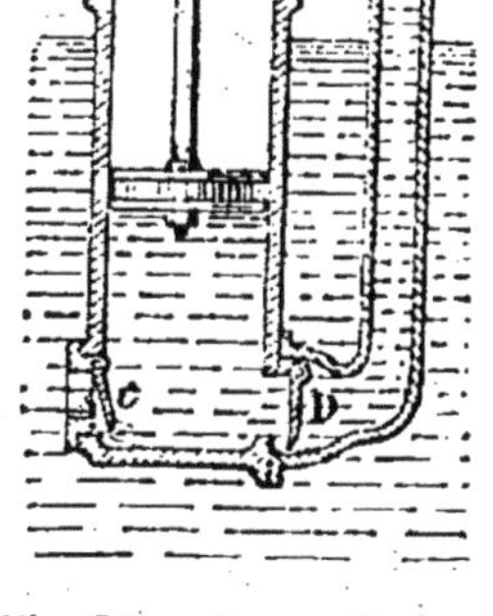

Fig. 72. — Pompe foulante.

tuyau d'arrivée. Le liquide ne sort donc pas aussi vite qu'il arrive, il s'accumule dans le récipient en comprimant l'air au-dessus de lui. Pendant la course ascendante du piston, la force élastique de cet air comprimé maintient l'écoulement du liquide, de sorte que le jet sort d'une façon continue.

La *pompe à incendie* (fig. 73) n'est autre chose qu'une pompe foulante munie de la boîte à air qui produit la continuité du

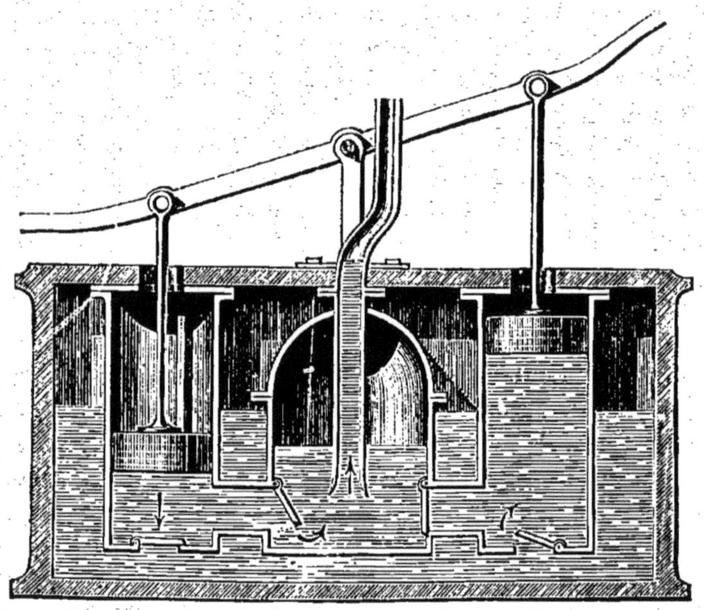

Fig. 73. — Pompe à incendie.

jet. Dans la plupart des cas, il y a deux corps de pompe associés, les deux tuyaux aboutissant à la même boîte à air.

Pompe aspirante et foulante. — La pompe aspirante et foulante (fig. 74) a un corps de pompe identique à celui de la pompe foulante ; à la soupape d'entrée est adapté un tuyau d'aspiration dont l'extrémité inférieure plonge dans le puits. Pendant la course ascendante du piston, la machine fonctionne comme une pompe aspirante ; pendant la course descendante, elle agit comme pompe foulante.

Presse hydraulique. — La *presse hydraulique* (fig. 75) se compose d'une pompe aspirante et foulante A B dont le corps de pompe a une faible section. L'eau est foulée dans un cylindre vertical d'une section beaucoup plus grande ; dans ce cylindre se meut un piston plein C se prolongeant à l'extérieur en une sorte de table métallique D qui glisse entre deux colonnes verticales ; ces colonnes portent à leur partie supérieure une table métallique renversée contre laquelle pourrait venir s'appliquer exactement la première. Entre ces deux tables on place les objets à comprimer.

Si on fait fonctionner la pompe, l'eau vient s'accumuler sous le gros piston et le force à monter. Si on considère deux centimètres carrés pris sur les bases inférieures des pistons, les pressions qu'ils supportent ne diffèrent que par le poids d'une colonne d'eau de base égale à un centimètre carré et de

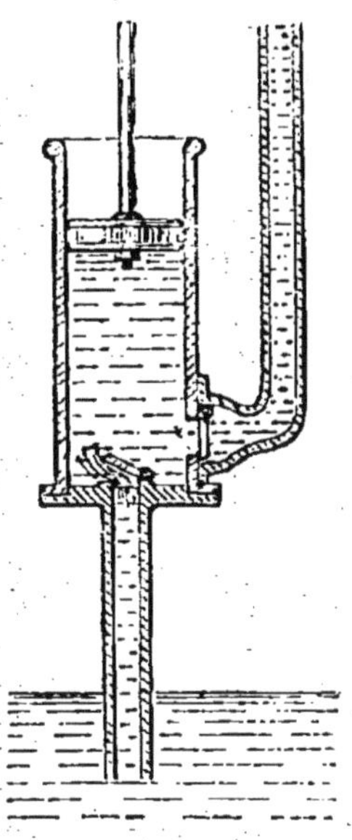

Fig. 74. — Pompe aspiran et foulante.

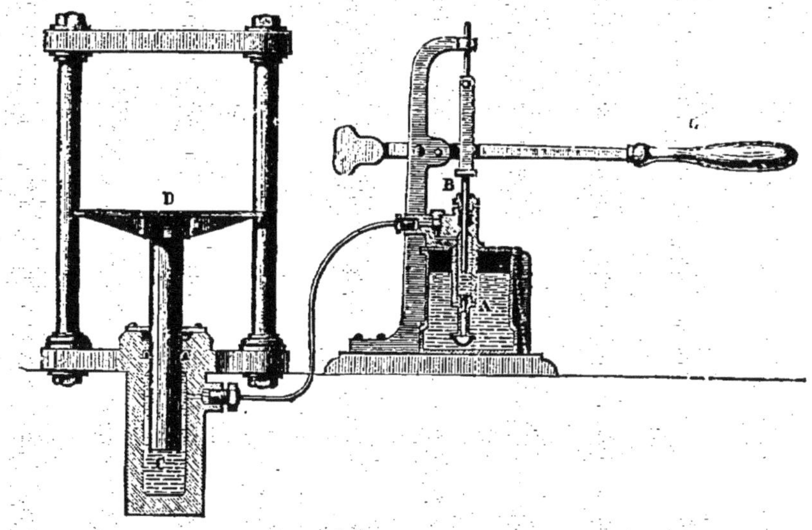

Fig. 75. — Coupe d'une presse hydraulique.

hauteur égale à la différence des niveaux, différence toujours

très faible. Si donc j'exerce sur le piston une force égale à
10 kilogrammes, la force avec laquelle le grand piston, de section 100 fois plus grande, par exemple, sera soulevé est égale
à 10 × 100 ou 1.000 kilogrammes.

V. — SIPHON

Le *siphon* est un instrument destiné à transvaser un liquide
dans un vase inférieur.

Il se compose d'un tube recourbé (fig. 76), dont les deux
branches inégales forment entre
elles un angle quelconque et
dont les ouvertures, tournées
vers le bas, plongent dans les
deux vases.

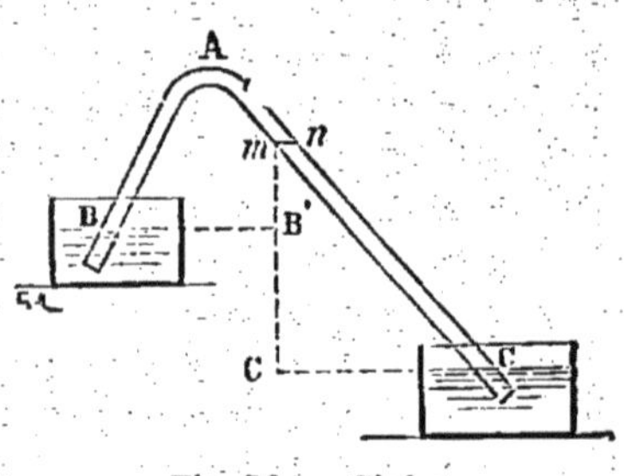

Fig. 76. — Siphon.

Un siphon ne fonctionne que
lorsqu'il a été amorcé, c'est-à-
dire lorsqu'il a été préalablement rempli de liquide par un
procédé quelconque. Supposons que cette condition soit remplie et de plus que la différence des niveaux entre le sommet A
du siphon et la surface libre B dans le vase le plus élevé soit
inférieur à la hauteur barométrique évaluée en colonne du
liquide considéré. Imaginons une petite cloison fixe mn en
un point quelconque du siphon et cherchons les pressions
qu'elle supporte de part et d'autre. Au-dessus, elle supporte
par unité de surface la pression atmosphérique qui s'exerce
en B, diminuée du poids d'une colonne de liquide de hauteur
$B'm$. Au-dessous, c'est la pression atmosphérique diminuée
du poids d'une colonne de liquide de hauteur $C'm$. Ces deux
pressions ne sont donc pas égales et la première est en excès
sur la seconde du poids d'une colonne de liquide de hauteur $B'C'$, c'est-à-dire d'une hauteur égale à la différence des
niveaux dans les deux vases. Si donc on vient à supprimer la
cloison, le liquide se mettra en mouvement de B vers C.

Quant à l'amorcement, on peut le produire d'un grand nombre de manières :

1° On peut renverser le siphon en maintenant les deux orifices B et C dans le même plan horizontal, le remplir de liquide, le fermer avec deux doigts et le mettre en place sur les deux vases ;

2° Si le liquide n'est pas corrosif, on peut mettre la petite branche dans le vase supérieur, aspirer avec la bouche par l'orifice de la grande branche jusqu'à ce que le siphon soit plein et approcher alors le second vase ;

3° Quand le liquide est corrosif pour les muqueuses de la bouche, on peut se servir d'un siphon dans lequel la grande branche est munie d'un tube latéral vers son extrémité inférieure (fig. 77). La petite branche étant en place, on ferme avec le doigt entouré d'un morceau de caoutchouc l'extrémité de la grande branche et avec la bouche

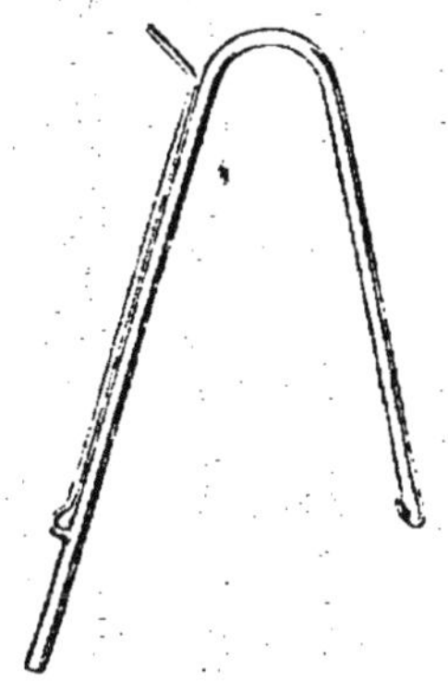

Fig. 77. — Siphon à branche latérale.

on aspire par le tube latéral en s'arrêtant quand le liquide remonte dans ce tube.

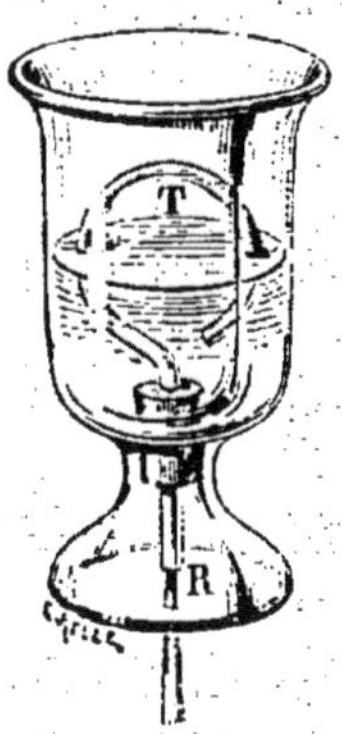

Fig. 78. — Vase de Tantale.

Le *vase de Tantale* (fig. 78) est un siphon contenu dans un verre ; la petite branche T s'ouvre vers le fond du verre, la grande branche R traverse ce fond. On verse de l'eau dans ce vase : tant qu'elle n'atteint pas le sommet du siphon, celui-ci ne s'amorce pas ; mais dès que l'eau est arrivée à cette hauteur, le siphon s'amorce et vide complètement le verre. Si même il arrive dans le vase d'une façon continue un filet d'eau moins abondant que le jet du siphon, le vase se videra, puis se remplira pour se vider de nouveau, etc. Cet appareil tire son nom de ce que, si le siphon est sur le point d'être amorcé et si on vient à incliner le verre pour y boire, l'amorcement a lieu et les lèvres ne peuvent atteindre le liquide : c'est le supplice de Tantale.

CHAPITRE VI

Principe d'Archimède pour les Gaz

Poussées exercées par les gaz. — Le principe d'Archimède est applicable à tous les fluides, aux gaz aussi bien qu'aux liquides. Un corps plongé dans un gaz subit une poussée verticale de bas en haut égale au poids du gaz déplacé. De là vient que certains corps, dont la densité est plus faible que celle de l'air, s'élèvent dans l'atmosphère au lieu de tomber vers le sol quand on les abandonne à eux-mêmes, de même que le liège plongé dans l'eau ou le fer dans le mercure remontent vers la surface au lieu de tomber au fond.

Il résulte de ceci qu'un corps quelconque, entouré de l'air atmosphérique, est non seulement attiré vers le centre de la terre par son poids, mais encore soumis à une force contraire à celle-ci et égale au poids de l'air déplacé. En réalité, dans la plupart des cas, le poids de l'air déplacé n'est qu'une fraction insignifiante du poids du corps et on peut généralement n'en tenir aucun compte.

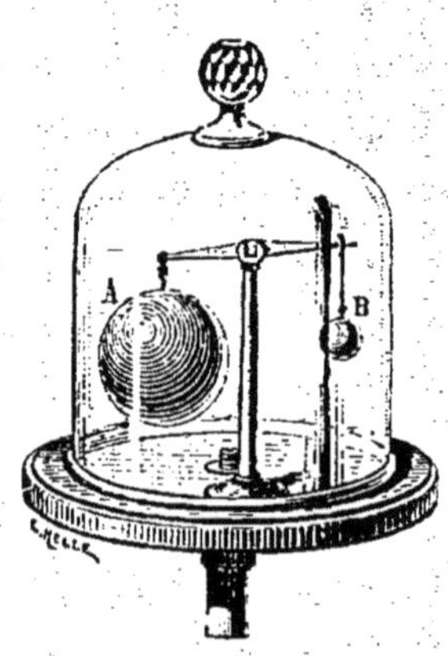

Fig. 79. — Baroscope.

Baroscope. — L'existence de la poussée exercée par les gaz sur les corps qui y sont immergés, est mise en évidence au moyen d'un petit appareil nommé *Baroscope* (fig. 79). Imaginons une balance juste et plaçons sur les deux plateaux deux boules métalliques A et B d'inégale grosseur qui se font équilibre dans l'air sur la balance. Plaçons maintenant cette balance sous la cloche d'une machine pneumatique et faisons le vide. On voit immédiatement le fléau de la balance s'incliner du côté de la plus grosse sphère, ce qui nous montre que l'air exer-

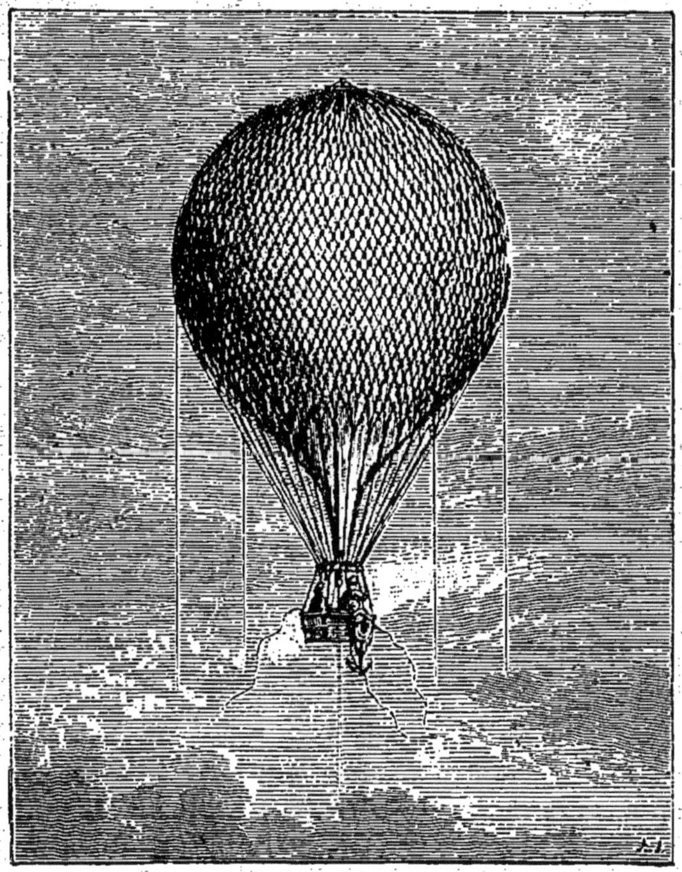

Fig. 80. — Ballon.

çait auparavant sur cette sphère une poussée plus grande que sur l'autre.

Dans le baroscope ordinaire, la balance n'a pas de plateaux et les deux sphères de laiton, l'une pleine, l'autre creuse, sont suspendues directement aux extrémités du fléau qui se met horizontal dans l'air atmosphérique.

Aérostat. — Un *aérostat* (fig. 80) est un appareil formé d'une enveloppe solide et légère que l'on remplit d'un gaz d'une densité beaucoup plus faible que celle de l'air. On fait en sorte que le poids de l'enveloppe et des agrès, augmenté du poids du gaz intérieur, reste plus petit que le poids de l'air déplacé. La poussée exercée par l'air atmosphérique étant alors supérieure au poids de tout le système, l'appareil s'élève dans les airs.

Les agrès se composent généralement d'un filet en mailles fortes qui enveloppe le ballon et auquel est fixée une *nacelle* pouvant contenir les *aéronautes* et les objets nécessaires à leurs travaux.

Le gaz qui sert à gonfler le ballon était autrefois de l'air chaud. Aujourd'hui il est souvent de l'hydrogène qui, à force élastique égale, est quatorze fois plus léger que l'air. Malheureusement il passe vite à travers le tissu de taffetas qui forme l'enveloppe. Pour des expéditions un peu longues, on emploie le gaz de l'éclairage, plus lourd que l'hydrogène à la vérité, mais s'échappant de l'aérostat beaucoup plus lentement que lui et s'obtenant beaucoup plus facilement.

Force ascensionnelle. — On appelle *force ascensionnelle* d'un aérostat la force qui le soulève, c'est-à-dire l'excès de la poussée due à l'air atmosphérique sur le poids des solides et du gaz qui constituent l'aérostat. Si le ballon est fermé et complètement gonflé, il est clair que sa force ascensionnelle diminue à mesure qu'il s'élève dans les airs. Nous savons en effet que la densité de l'air atmosphérique va en décroissant quand on s'éloigne du sol ; le poids de l'air déplacé diminue donc, et, avec lui, la force ascensionnelle. Il arrive un moment où la poussée due à l'atmosphère est égale au poids de l'appareil ; si alors l'air est en repos, le ballon cesse de monter et reste stationnaire. Les aéronautes peuvent en ce moment donner à l'aérostat une force ascensionnelle nouvelle en jetant hors de la nacelle du *lest*, c'est-à-dire du sable dont ils emportent quelques sacs : le poids de l'appareil diminue et la force ascensionnelle augmente d'autant. — Si, au contraire, les aéronautes veulent descendre, ils ouvrent, par l'intermédiaire d'une corde, une soupape placée à la partie supérieure du

Fig. 81. — Parachute.

ballon : une partie du gaz s'échappe et est remplacée par de l'air ; cette substitution augmente le poids de l'aérostat et par suite diminue la force ascensionnelle.

Parachute. — Il peut se présenter tel accident, comme la déchirure de l'enveloppe de taffetas, par exemple, qui force les aéronautes à se séparer immédiatement du ballon. C'est dans ce but qu'on a attaché aux flancs du ballon une sorte d'immense parapluie en une étoffe résistante, nommée *parachute* (fig. 81). Les bords du parachute sont reliés par de fortes cordes au pourtour de la nacelle. Lorsque la nécessité oblige à quitter le ballon, on coupe rapidement les cordages qui relient la nacelle au filet en même temps qu'on décroche le parachute. Celui-ci, entraîné par le poids de la nacelle, se gonfle sous l'effort de l'air qui s'y engouffre et descend avec lenteur. Un orifice assez large pratiqué à son centre permet à l'air de s'échapper graduellement et empêche le parachute de s'incliner et de faire chavirer la nacelle.

Historique de l'aérostation. — L'idée première des aérostats est due aux frères Joseph et Étienne Montgolfier, fabricants de papiers à Annonay ; le 5 juin 1783, devant les membres des États du Vivarais, eut lieu le départ du premier ballon gonflé avec de l'air chaud que les frères Montgolfier avaient introduit en brûlant, au-dessous de l'orifice inférieur, de la paille mêlée de laine mouillée. L'appareil, que l'on désigna sous le nom de *montgolfière*, resta environ dix minutes dans les airs; il ne portait pas de nacelle.

Le 27 août de la même année, le physicien Charles fit partir du jardin des Tuileries un ballon beaucoup plus petit, gonflé avec de l'hydrogène, le nouveau gaz que venait de découvrir Priestley.

Ce fut le 19 septembre que, pour répondre au désir de l'Académie des sciences, Étienne Montgolfier vint répéter à Paris l'expérience de la montgolfière à air chaud, telle qu'il l'avait faite à Annonay. Pour la première fois, des êtres animés, un mouton, un coq, un canard furent emportés par le ballon dans une cage d'osier suspendue au-dessous de la machine.

Enfin, le 31 octobre 1783, Pilatre de Rozier et le marquis d'Arlande s'élancèrent dans les airs, enlevés par une montgolfière gonflée dans le jardin de la Muette, et redescendirent sans accident à deux lieues de leur point de départ. Pilatre devait mourir deux ans plus tard, le 15 juin 1785, au cours d'une ascension dans laquelle le ballon prit feu.

Dans l'intervalle, Charles avait fait, de concert avec le constructeur Robert, une nouvelle ascension dans le jardin des Tuileries. Son aérostat, déjà perfectionné, avait été gonflé

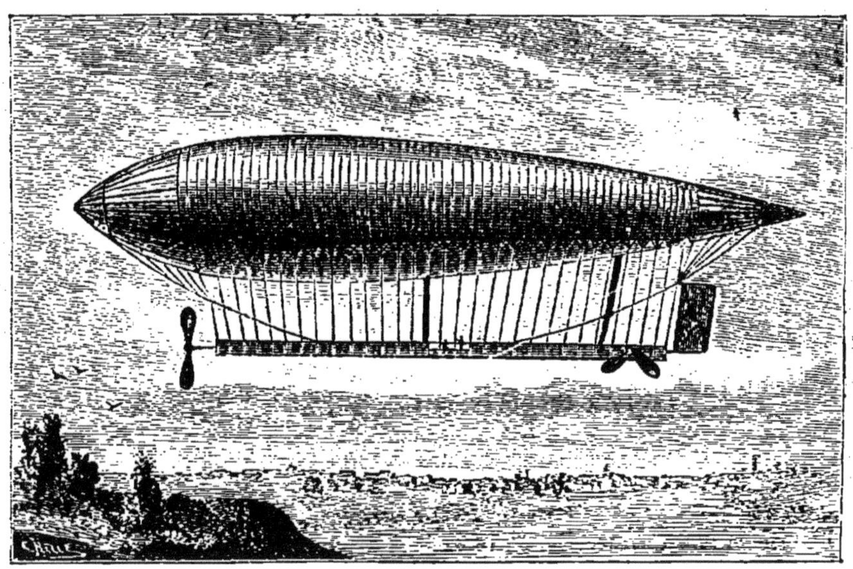

Fig. 82. — Ballon dirigeable des capitaines Renard et Krebs.

avec de l'hydrogène, comme la première fois. L'heureuse issue de son voyage aérien et la facilité des manœuvres aéronautiques montrèrent dès ce moment la supériorité des ballons à hydrogène sur les montgolfières et fit abandonner de plus en plus l'emploi de l'air chaud.

Depuis cette époque, les ascensions aérostatiques se firent en grand nombre; beaucoup furent exécutées dans un but scientifique. Gay-Lussac en 1804, Barral et Bixio en 1850, Glaisher et Coxwell, de 1862 à 1865, étudièrent l'état de l'atmosphère à diverses hauteurs et éprouvèrent à un haut degré le malaise connu sous le nom de *mal des montagnes*, dû à la diminution graduelle de la densité de l'air atmosphérique. — En 1875, trois aéronautes, Sivel, Crocé-Spinelli et

M. Gaston Tissandier, à la suite des expériences de Paul Bert montrant que le mal des montagnes ne se produit pas quand on peut respirer une quantité suffisante d'oxygène, et après une expérience préalable, firent une ascension mémorable en emportant avec eux une provision d'oxygène ; ils ne surent pas s'en servir en temps opportun, s'évanouirent, montèrent jusqu'à une hauteur d'environ 8.600 mètres ; quand ils revinrent au sol, Sivel et Crocé-Spinelli étaient morts; M. Tissandier seul a survécu.

A partir de ce moment, on paraît avoir abandonné l'étude des hautes régions de l'atmosphère. On s'occupe activement depuis un certain nombre d'années de trouver le moyen de diriger les ballons. En employant des procédés analogues à ceux de la navigation, on est parvenu à faire parcourir à un aérostat un chemin donné à l'avance, pourvu que l'atmosphère soit calme; les dernières expériences, dues aux capitaines Renard et Krebs, ont montré qu'on peut encore diriger un ballon de forme convenable (fig. 82), dans un air où la vitesse du vent ne dépasse pas cinq mètres par seconde.

CHALEUR

CHAPITRE UNIQUE

I. — DILATATIONS

Effets de la chaleur. — Lorsque nous nous appro
chons du feu d'une cheminée, nous éprouvons la sensation
du chaud. La cause inconnue qui agit sur nos organes pour
déterminer cette sensation est appelée *chaleur*.

Si nous approchons du foyer, ou mieux, si nous y introduisons un morceau de métal, une tige de fer, par exemple,
cette tige acquiert la propriété de pouvoir produire à son tour
sur nos organes la sensation du chaud : elle s'échauffe. Si on
la retire du feu, elle perd peu à peu cette propriété : elle se
refroidit. On dit qu'un corps reçoit de la chaleur quand il
s'échauffe. Il en perd lorsqu'il se refroidit.

Mais la chaleur produit d'autres effets que les sensations
de chaud que nous percevons. En général, quand on soumet
un corps quelconque à l'action d'un foyer, il se dilate, c'est-
à-dire que son volume s'accroît. — La chaleur peut également
produire des changements d'état physique ; elle peut amener
un solide à l'état liquide, un liquide à l'état gazeux; et, inversement, un gaz qui se refroidit peut passer à l'état liquide et
un liquide qui perd de la chaleur, peut se solidifier. — Souvent, la chaleur détermine la décomposition d'un corps com-

posé, c'est-à-dire sépare les éléments simples qui le constituent.
Elle peut produire l'effet inverse et combiner des corps
pour en faire un plus complexe. — Elle exerce une influence
sur l'électrisation des corps, sur le magnétisme des aimants.
— Elle peut rendre les corps lumineux, etc., etc.

Nous ne nous occuperons ici que des phénomènes de dilatation.

Dilatation des solides. — Lorsqu'on chauffe une barre
métallique, sa longueur s'accroît, ce qu'on exprime en disant
qu'elle éprouve une *dilatation linéaire*. Le *pyromètre à cadran*
(fig. 83) qui met ce fait en évidence, se compose d'une tige A

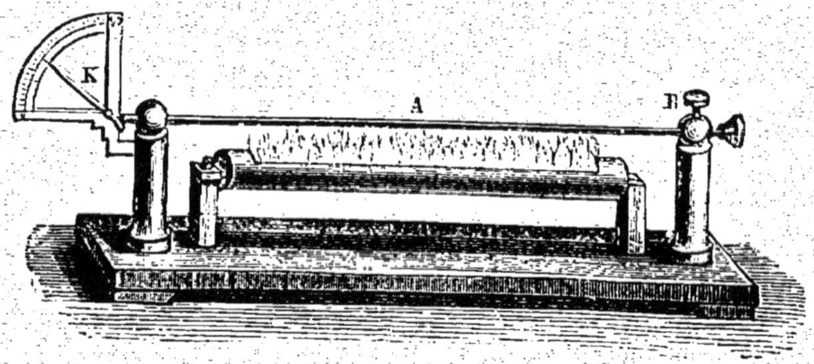

Fig. 83. — Pyromètre à cadran.

que l'on fixe par un bout au moyen d'une vis dans une borne
métallique B et dont l'autre extrémité passe librement dans
une autre borne lui servant de support et vient butter contre le
petit bras vertical d'un levier coudé ; le grand bras de ce levier
a la forme d'une aiguille qui peut se mouvoir devant un cadran
divisé quand l'extrémité de la tige métallique presse contre le
petit bras. Au-dessous de la tige, se trouve une auge contenant
de l'alcool et des mèches de coton. Dès qu'on a mis le feu à
ces mèches, l'aiguille se soulève, indiquant ainsi que la tige
s'allonge. Quand on éteindra la flamme, la tige se refroidira,
se raccourcira et l'aiguille reviendra à sa position initiale.

Le *pyromètre à talon* permet de faire la même démonstration.
Sur une planchette on fixe deux buttoirs T et T' entre lesquels
peut venir s'encastrer exactement une barre métallique B

(fig. 84). Si on retire cette barre de cette position et si on la chauffe, elle ne peut plus ensuite s'engager entre les buttoirs,

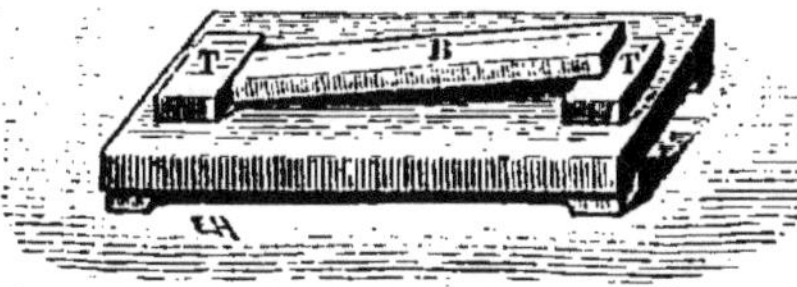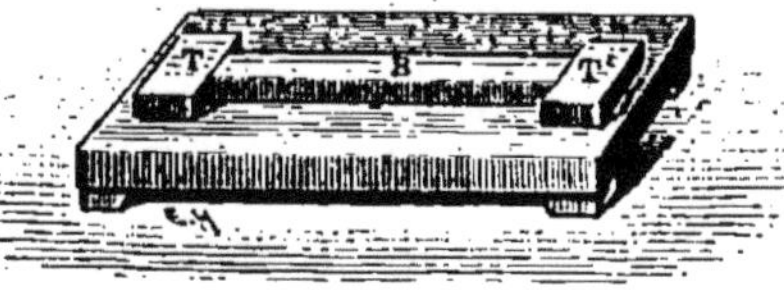

Fig. 84-85. — Pyromètre à talon.

parce qu'elle s'est allongée (fig. 85) ; elle ne pourra reprendre sa place qu'après s'être refroidie.

Mais les corps chauffés n'éprouvent pas seulement une dilatation suivant une direction donnée, ils se dilatent dans tous les sens ; ils subissent, suivant l'expression habituelle, une dilatation cubique. *L'anneau de S'Gravesande* (fig. 86) en donne la preuve. Ce petit appareil se compose d'une sphère métallique suspendue à une potence par une chaînette; à la partie verticale de cette potence est fixée par une vis une tige horizontale se terminant par un anneau du même métal que la sphère et dans lequel la sphère s'engage exactement. Si on vient à éloigner l'anneau et à chauffer la sphère au moyen d'une lampe à alcool, son augmentation de volume est mise en évidence par ce fait qu'elle peut reposer sur l'anneau sans pouvoir y passer comme précédemment; au bout de quelque temps elle s'est refroidie et tombe à travers l'anneau. — Si on chauffe l'anneau et la sphère en même temps, ils continuent à conserver le même diamètre et à pouvoir passer l'une dans l'autre. Cette dernière expérience montre non-seulement que l'anneau se ditate aussi, mais encore qu'il se dilate comme la sphère. En général, les corps creux se dilatent comme s'ils étaient pleins.

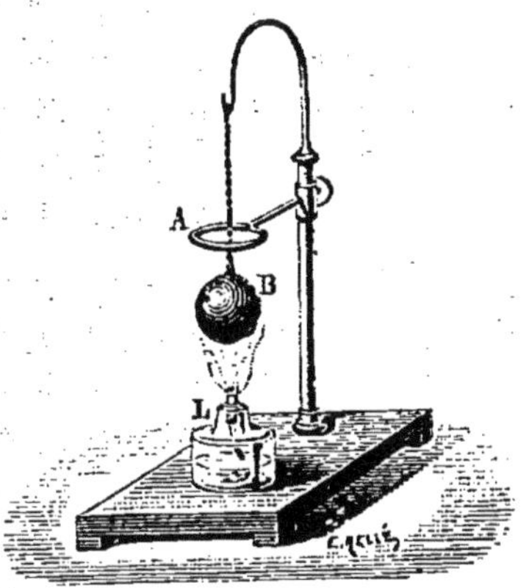

Fig. 86.
Anneau de S'Gravesande.

Dilatation des liquides. — Pour montrer la dilatation des liquides par la chaleur, on prend un ballon B dont le col est long et fin (fig. 87). On remplit ce ballon d'un liquide coloré jusqu'à un certain point *a* dans le tube. Puis on plonge le ballon dans de l'eau chaude. Pendant un temps très court, on voit le niveau du liquide baisser dans le col, mais bientôt il monte rapidement en *a'*. La première phase du phénomène s'explique par cette raison que l'enveloppe de verre plongée dans l'eau chaude, s'est échauffée avant le liquide et s'est dilatée avant lui ; de sorte que, le ballon devenant plus grand, le liquide doit baisser dans le col ; mais, dès que le liquide s'échauffe à son tour, il se dilate et le niveau monte à une hauteur bien supérieure à la hauteur primitive. Cette deuxième phase de l'expérience nous permet de conclure non seulement que les liquides se dilatent, mais encore qu'ils se dilatent plus que les solides.

Fig. 87.
Dilatation
des liquides.

Dilatation des gaz. — Prenons un ballon de même forme que le précédent, mais plaçons le col horizontalement et introduisons-y une petite goutte de mercure qui formera bouchon. Nous emprisonnons ainsi dans le ballon un certain volume d'air. Quand on chauffe l'appareil, même par le contact des mains seules, le mercure s'éloigne vers l'extrémité du tube. Ce déplacement nous montre que le volume de l'air s'est accru sous l'action de la chaleur, et même que sa dilatation a été plus grande que celle du ballon. Remarquons que la force élastique de l'air intérieur reste ici constamment égale à la pression atmosphérique, puisque l'index en équilibre supporte nécessairement de part et d'autre la même pression.

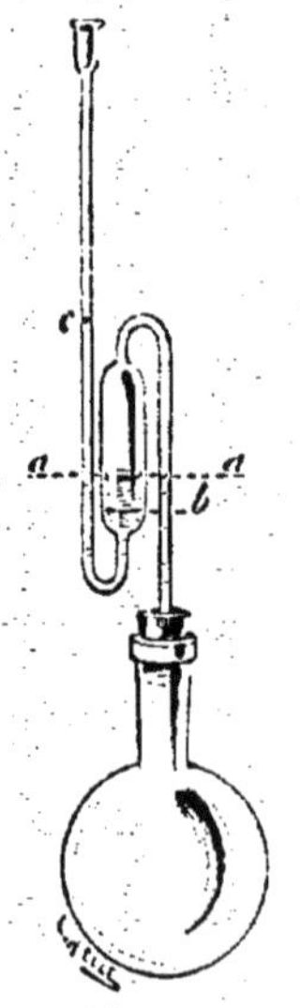

Fig. 88.
Dilatation des
gaz.

Si l'on ne permet pas au gaz de se dilater librement, sa force élastique s'accroît. Pour le montrer on prend un ballon à large col que l'on ferme au moyen d'un bouchon traversé par un tube en S (fig. 88). Dans la courbure du tube, on met un liquide non volatil; on a ainsi un petit manomètre à air libre. Dès qu'on vient à chauffer légèrement le ballon, les deux niveaux qui étaient d'abord en a et a', à peu près sur le même plan horizontal, se déplacent et viennent en b et c, accusant ainsi l'accroissement de la force élastique intérieure.

II. — THERMOMÉTRIE

Température. — On dit qu'un corps est à une *température constante* lorsque son volume reste rigoureusement invariable sous la même pression. Ainsi, quand on plonge dans de la glace fondante un petit réservoir muni d'un long col fin et contenant un liquide qui remplit le réservoir et une grande partie du col, on constate qu'au bout de quelques instants le niveau du liquide prend une position fixe qu'il conserve tant qu'il reste de la glace; la température de ce réservoir plongé dans la glace fondante est donc une température constante.— Le même appareil, après avoir séjourné quelques instants dans la vapeur qui s'échappe de l'eau bouillante, indique par la fixité de la nouvelle position de son niveau qu'il a pris encore une température constante.

Quand deux corps mis au contact ne subissent aucune variation de volume, ces corps sont dits à *la même température* ou à des *températures égales*. Souvent lorsqu'on met deux corps en contact, le volume de l'un s'accroît tandis que le volume de l'autre diminue, ce qui signifie que le premier s'échauffe et que le second se refroidit; on dit alors que les températures de ces deux corps sont inégales; la température du premier était supérieure à celle du second; le premier en se refroidissant cède de la chaleur à l'autre qui s'échauffe jusqu'à ce que les températures deviennent égales. C'est ce dernier cas qu'on réalise dans l'expérience qui nous a servi à montrer la dilatation des liquides : la température de l'eau chaude était supérieure à celle du ballon froid et du liquide coloré qu'il contenait, le contact de ces corps a produit une diminution de volume du premier et une augmentation de volume des autres.

Thermomètre. — Supposons deux corps A et B, deux masses liquides par exemple, à des températures inégales. Imaginons que nous y plongions successivement un corps C assez petit pour que la chaleur qu'il peut leur céder ou leur prendre ne change pas d'une façon appréciable leurs températures respectives. Si le corps C est construit de telle sorte qu'on puisse noter facilement ses variations de volume, il nous indiquera par les volumes qu'il prendra successivement celui des corps A et B qui est à la température la plus élevée, ce corps C est appelé *thermomètre*.

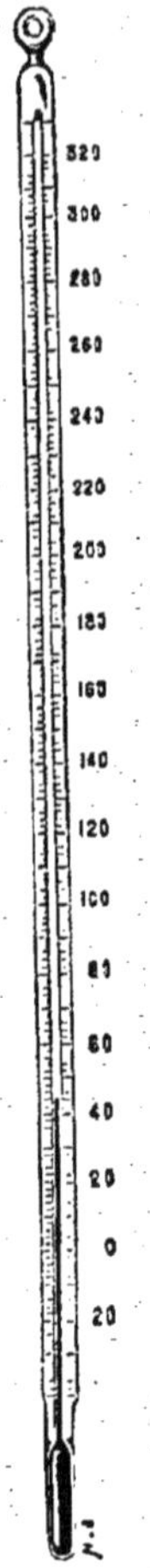

Un thermomètre ordinaire se compose d'un petit réservoir de verre cylindrique ou sphérique soudé à l'extrémité d'un tube très fin qu'on appelle la *tige* du thermomètre (fig. 89). Le réservoir et la partie inférieure de la tige contiennent du mercure. Le niveau de ce mercure se rapproche ou s'éloigne du réservoir suivant que la température de ce thermomètre s'abaisse ou s'élève.

Points fixes du thermomètre. — Pour pouvoir comparer entre elles à des instants différents les températures des divers corps, on est convenu de prendre comme points de repère deux températures constantes.

Un même thermomètre plongé dans la glace fondante a toujours le niveau de son mercure au même point : la température de la glace fondante est donc invariable. Il en est de même de la vapeur d'eau bouillante quand la pression atmosphérique qui s'exerce à la surface du liquide est de 76 centimètres. Ce sont ces deux températures que l'on a choisies comme points fixes du thermomètre. On grave sur le thermomètre deux petits traits correspondant aux niveaux que prend le mercure à ces deux températures ; on marque zéro à côté du premier et 100 à côté du second. On divise l'espace compris entre ces deux points

Fig. 89.
Thermomètre.

en 100 parties égales et on inscrit les chiffres 1, 2, 3... 99
vis-à-vis les traits.

Degré de température. — Quand un thermomètre
passe de la glace fondante, où il marque zéro, dans la vapeur
d'eau bouillante, où il marque 100, on dit que sa température
s'élève de 100 degrés. En général, quand le niveau du mercure, primitivement en un point quelconque, se déplace d'une
division, on dit que la température s'est élevée ou abaissée
d'un degré. Un *degré* est donc la variation de température correspondant à la centième partie de la variation apparente
que le volume du mercure éprouve dans le verre du thermomètre quand il passe de la glace fondante dans la vapeur
d'eau bouillante sous une pression atmosphérique de 76 centimètres [1].

Construction du thermomètre. — Pour construire
un thermomètre, on commence par choisir un tube fin bien cylindrique. On constate qu'un canal
est cylindrique en y introduisant
une petite quantité de mercure
qui occupe une certaine longueur
dans le tube; on fait glisser cet
index de mercure tout le long de
la tige; si c'est un cylindre, la
colonne mercurielle conserve par-
tout la même longueur. On souffle
alors une ampoule effilée à une
extrémité de la tige et, à l'autre
bout, le réservoir du thermomètre.

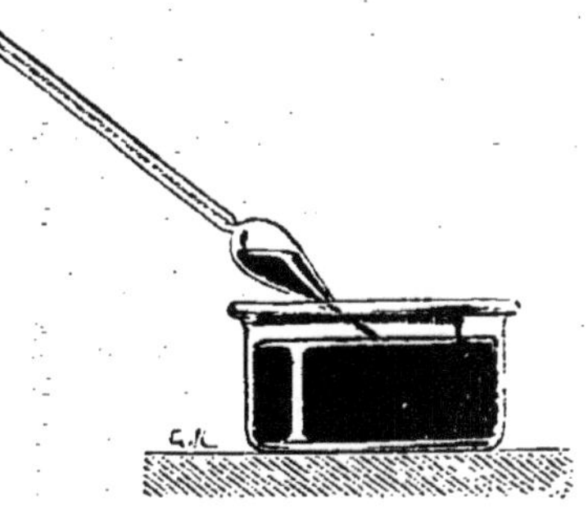

Fig. 90.
Introduction du mercure
dans l'ampoule.

Pour introduire du mercure dans le réservoir, il ne suffit
pas d'en mettre dans l'ampoule; la finesse du canal empêche
le mercure de descendre. Voici comment on procède. On
chauffe sur une lampe à alcool le réservoir; l'air qui y est

1. On verra plus tard que si la pression atmosphérique que supporte l'eau
bouillante n'est pas 76 centimètres, la température n'est plus la même.

contenu se dilate et sort en partie de l'appareil. A ce moment on plonge le bec effilé de l'ampoule dans un vase contenant du mercure (fig. 90) ; pendant le refroidissement du réservoir, la force élastique de l'air restant dans l'appareil diminue et le mercure monte dans l'ampoule. On tient alors le tube à peu près droit, l'ampoule en haut et on chauffe de nouveau le réservoir (fig. 91), une nouvelle partie de l'air sort au travers du mercure de l'ampoule ; si on cesse de chauffer, pour la même raison que tout à l'heure, un peu de mercure entrera dans le réservoir (il est utile de chauffer préalablement le mercure de l'ampoule de peur que, arrivant froid dans ce réservoir chaud, il ne brise ce réservoir). On fera alors bouillir pendant un certain temps le mercure entré; les vapeurs mercurielles entraîneront peu à peu l'air restant et, si on laisse ensuite refroidir, l'appareil se remplira complètement de mercure; l'habileté de l'opérateur consiste à introduire ainsi une quantité de mercure telle que dans la glace fondante le niveau du mercure soit à une certaine distance du réservoir.

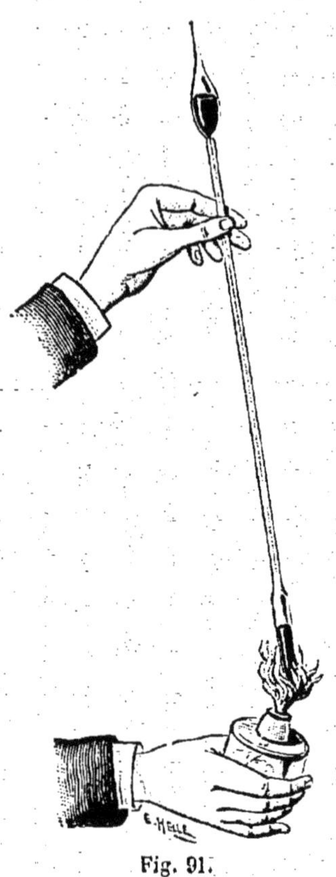

Fig. 91.
Remplissage du réservoir.

Graduation du thermomètre. — Pour graduer le thermomètre, on met dans un entonnoir A fixé sur un support de la glac pilée et fondante et on y introduit le thermomètre (fig. 92): le niveau du mercure commence par descendre; quand il est devenu bien immobile en *s*, on marque le trait sur la tige vis-à-vis ce niveau. — On suspend ensuite le thermomètre dans le col d'un appareil A contenant de l'eau que l'on fait bouillir; il est maintenu par un bouchon ; la vapeur, après avoir baigné le thermomètre jusqu'au haut de la tige, descend entre deux cloisons pour s'échapper par l'orifice latéral E (fig. 93). Le niveau du mercure monte alors dans la tige et, quand il a atteint une position fixe, on marque le trait 100. Puis on partage l'es-

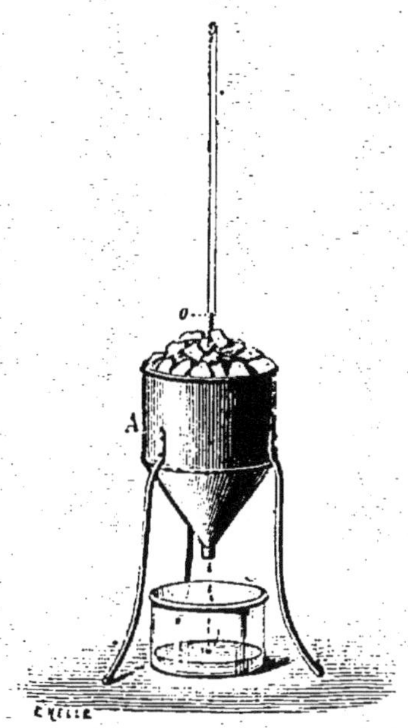

Fig. 92.
Détermination du point 0.

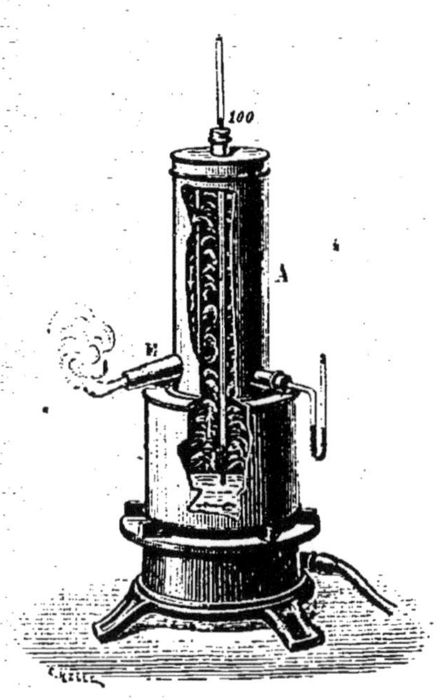

Fig. 93.
Détermination du point 100.

pace compris entre 0 et 100 en 100 parties égales. Si la tige est assez longue, on marque au-dessus de 100 et au-dessous de zéro des divisions égales aux précédentes. Les traits qui sont au-dessous de 0 portent les chiffres 1, 2, 3... précédés du signe —; lorsque le niveau du mercure s'arrête au chiffre 8 par exemple, on dit que température est de 8 degrés au-dessous de zéro ou de — 8° (qu'on prononce *moins 8 degrés*). Si le niveau s'arrête au chiffre 15 au-dessus du chiffre 0, on dit que la température est de 15 degrés au-dessus de zéro ou de + 15° (que l'on prononce *plus 15 degrés*).

Thermomètre à alcool. — On peut utiliser pour la construction des thermomètres d'autres liquides que le mercure; on emploie souvent de l'alcool qui, plus dilatable que le mercure, n'exige pas une tige aussi fine. La tige, terminée à un bout par le réservoir, porte à l'autre extrémité un petit entonnoir dans lequel on verse l'alcool coloré; puis on opère comme pour le mercure. Toutefois, comme l'alcool tient toujours de l'air en dissolution, cet air se dégage dans le réservoir chaud et on ne peut chasser la dernière bulle par le procédé ordinaire; on fixe l'extrémité de la tige à un cordon, on fait tourner le thermomètre comme une fronde, l'alcool qui remplit la tige entre alors dans le réservoir et en chasse la bulle d'air. On chauffe ensuite légèrement pour faire sortir de la tige une partie de l'alcool qu'elle contient. Pour graduer un thermomètre à alcool, on détermine le zéro dans de la glace fondante, puis on le place avec un thermomètre à mercure gradué dans de l'eau que l'on chauffe lentement; pour chaque température on marque sur le thermomètre à alcool, en face du niveau du liquide, le chiffre lu sur le thermomètre à mercure. Toutefois on ne peut ainsi aller jusqu'à 100°, car l'alcool bout à 79°. —Ordinairement les thermomètres à alcool ne sont pas employés pour les mesures précises; aussi, au lieu de les graduer avec soin par comparaison avec un thermomètre à mercure, comme nous venons de le dire, on se contente, le zéro étant connu, de déterminer par comparaison une température quelconque, 50° par exemple, et de diviser en cinquante parties égales la longueur comprise entre 0° et 50°, en poursuivant les divisions au-dessus et au-dessous de ces points (fig. 94). Mais cette graduation n'est pas exacte, parce que l'alcool ne suit pas la même loi de dilatation que le mercure; l'on peut constater en effet, sur un thermomètre à alcool gradué par comparaison avec un thermomètre à mercure, que les divisions ne sont pas équidistantes.

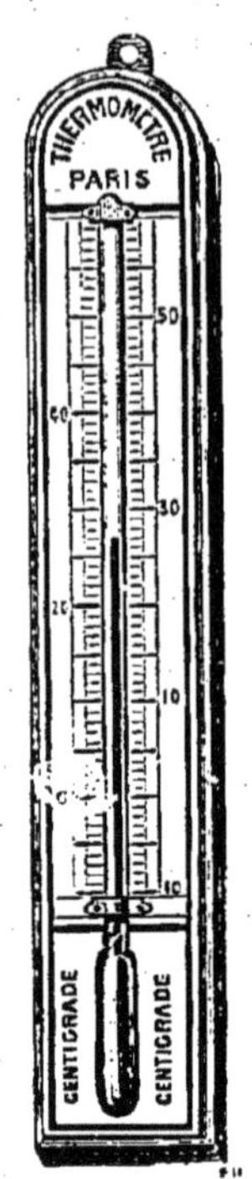

Fig. 94.
Thermomètre
à alcool.

Diverses échelles thermométriques. — La graduation dont nous avons parlé jusqu'ici est dite *centigrade*, à cause des 100 degrés qui s'échelonnent entre le point de fusion de la glace et le point d'ébullition de l'eau. Cette échelle est aujourd'hui uniquement adoptée en France et dans nombre d'autres pays. Mais autrefois on se servait beaucoup de l'échelle RÉAUMUR, encore usitée en Allemagne et en Russie. En Angleterre, on emploie aujourd'hui encore l'échelle FAHRENHEIT.

Dans l'échelle Réaumur, on marque 0° dans la glace fondante et 80° dans l'eau bouillante. On voit que 80° Réaumur valent 100° centigrades et que par suite 1° Réaumur vaut les $\frac{100}{80}$ ou les $\frac{5}{4}$ de 1° centigrade ; inversement un degré centigrade vaut les $\frac{4}{5}$ d'un degré Réaumur. Il est ainsi toujours facile de passer d'une échelle à l'autre : si par exemple on veut chercher le nombre de degrés centigrades équivalent à 20° Réaumur, il suffit de multiplier 20 par $\frac{5}{4}$, ce qui donne $\frac{20 \times 5}{4} = 25°$ centigrades. Réciproquement la température représentée par 30° centigrades sera $\frac{30 \times 4}{5} = 24°$ Réaumur.

Un thermomètre gradué à l'échelle Fahrenheit marque 32° dans la glace fondante et 212° dans l'eau bouillante. Par conséquent, 100° centigrades valent 212 — 32 ou 180° Fahrenheit ; 1° Fahrenheit équivaut donc aux $\frac{100}{180}$ ou $\frac{5}{9}$ de 1° centigrade, et 1° centigrade aux $\frac{9}{5}$ de 1° Fahrenheit. Si, par exemple, un thermomètre centigrade marque 25°, le nombre de degrés Fahrenheit équivalents, comptés à partir de la température de la glace fondante, sera $25 \times \frac{9}{5} = 45$, et, comme à cette température de la glace fondante le thermomètre Fahrenheit marque 32°, on voit que la température correspondante à 25° centigrades est 45 + 32 = 77° Fahrenheit.

ÉLECTRICITÉ STATIQUE

CHAPITRE I

Phénomènes généraux

I. — ÉLECTRISATION

Électrisation par frottement. — Certains corps frottés avec du drap bien sec ou de la flanelle acquièrent la propriété d'attirer les autres corps; si ceux-ci sont suffisamment mobiles, ils viennent au contact des premiers, puis sont repoussés au

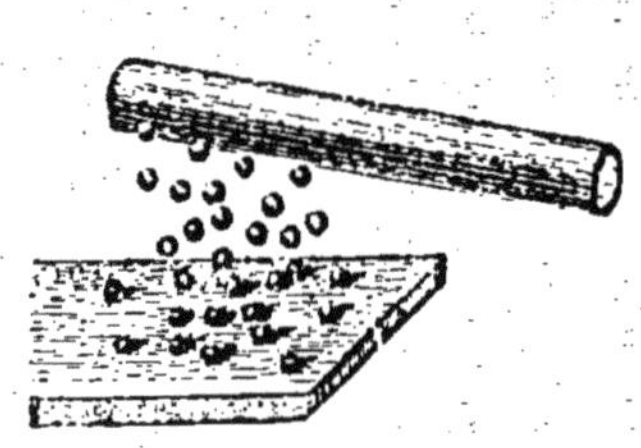

Fig. 95. — Attraction électrique des corps légers.

bout d'un temps plus ou moins long qui dépend de leur nature et de leur forme. Si on approche un bâton de verre frotté avec du drap de petites balles de sureau, ces balles sont vivement attirées, puis repoussées dès qu'elles sont venues au contact du bâton de verre (fig. 95). Les corps qui jouissent ainsi de la propriété d'attirer les corps légers sont dits *électrisés*, et la cause inconnue qui produit ces attractions et ces répulsions est appelée *électricité* (du nom grec de l'ambre, *electron*, sur lequel Thalès de Milet observa pour la première fois ces phénomènes). Le soufre, la résine, la cire d'Espagne, le caoutchouc durci, etc., peuvent également s'électriser par le frottement.

On peut observer que la force avec laquelle les corps électrisés attirent les autres corps est d'autant plus grande qu'ils sont plus proches; dès que la distance devient trop considérable, les corps ne sont plus soulevés par l'attraction électrique. Nous concluons de là que la force électrique provenant d'un corps électrisé diminue à mesure que sa distance au corps attiré augmente.

L'attraction n'existe pas seulement de la part du corps électrisé sur les autres corps placés au voisinage; il y a réciprocité. Si on frotte une aiguille de caoutchouc durci et si on la suspend par son centre sur un pivot, elle sera attirée par tout corps, le doigt, par exemple, qu'on lui présentera à petite distance. — Pour constater qu'un corps est électrisé, on pourra donc, soit vérifier qu'il attire les corps légers, soit le rendre mobile et voir s'il est lui-même attiré quand on lui présente la main.

Électrisation par contact.—Supposons une petite balle de sureau B suspendue à un fil de soie; c'est ce qu'on appelle un *pendule électrique* (fig. 96). Approchons-en un corps électrisé R, elle sera attirée, viendra au contact B', puis sera repoussée. On peut constater alors qu'elle est électrisée; car, si on approche la main, la balle est attirée. Elle a donc acquis la propriété électrique en venant toucher le corps électrisé. C'est le phénomène de l'électrisation par contact.

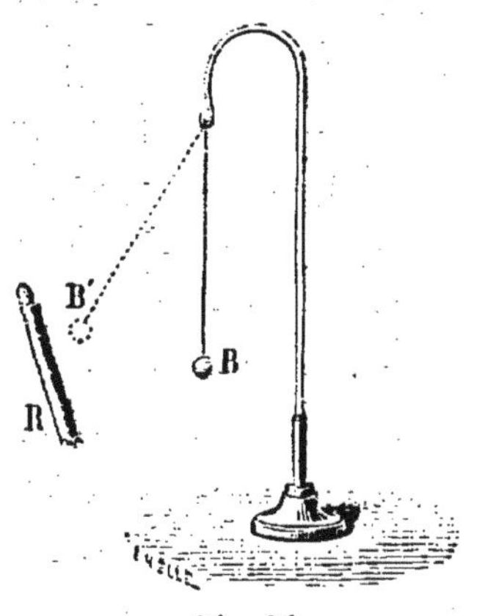
Fig. 96.
Pendule électrique simple.

Si, au lieu d'une seule balle de sureau, on avait suspendu au même point et par des fils de soie d'égale longueur deux balles de sureau, on aurait eu un *double pendule*, et on aurait pu constater de plus que les deux balles électrisées par leur contact avec un même corps se repoussent entre elles.

Conductibilité. — Prenons un double pendule dont les

deux fils en chanvre un peu humide sont fixés à une potence métallique sur un pied de verre (fig. 97). Électrisons par contact l'extrémité inférieure de la potence; nous constatons immédiatement que les deux balles de sureau *a, b* se repoussent entre elles; l'électricité mise sur la potence s'est donc propagée le long de cette tige métallique, puis le long des deux fils, pour arriver aux balles de sureau. Ce mode de transport de l'électricité est appelé propagation par *conductibilité.*

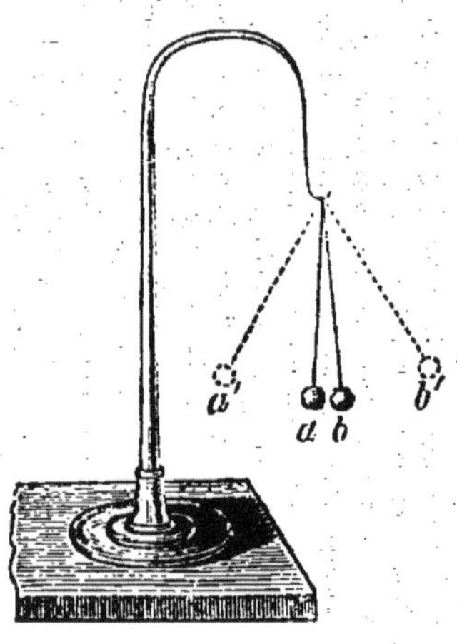

Fig. 97.
Double pendule électrique.

Tous les corps ne jouissent pas également de la propriété de transporter ainsi l'électricité. Ainsi, si nous recommencions la même expérience en remplaçant les fils de chanvre humide par des fils de coton sec, la propagation se ferait lentement; les fils commenceraient à se repousser par le haut seulement, puis peu à peu des portions plus longues des fils seraient électrisées, jusqu'à ce que, au bout d'un temps qui peut être de plusieurs minutes, l'électricité arrive aux balles. — Si les fils étaient en soie, ils opposeraient une résistance insurmontable au passage de l'électricité et resteraient au contact.

Corps conducteurs et corps isolants.—Les corps qui livrent passage instantanément à l'électricité sont appelés corps *bons conducteurs* ou simplement *conducteurs;* ceux qui ne permettent pas la propagation de l'électricité sont dits *mauvais conducteurs* ou *isolants.* Les autres sont plus ou moins conducteurs.

Les métaux, les acides, les eaux naturelles, les tissus végétaux ou animaux, le sol terrestre, sont des corps bons conducteurs. Le verre, la résine, la cire d'Espagne, le soufre, la soie, le caoutchouc, les gaz en général, etc., sont mauvais conducteurs.

On comprend maintenant pourquoi, voulant mettre de

l'électricité sur la balle de sureau d'un pendule électrique, nous avons interposé entre cette balle et le sol terrestre des corps isolants comme la soie et le pied de verre ; s'il n'y avait eu, en effet, entre la balle de sureau et le sol que des corps conducteurs, l'électricité de cette balle se serait répandue instantanément sur toute la surface du globe terrestre et le pendule eût perdu toute propriété électrique appréciable.

Électrisation des conducteurs par frottement. — Nous comprenons aussi pourquoi un bâton de verre ou de résine frotté et tenu à la main garde son électricité. Cette électricité se développe en effet aux points frottés et, en raison de la non conductibilité du verre et de la résine, ne se communique pas aux points voisins ni à la main par laquelle elle s'écoulerait dans le sol.

Au contraire, on a beau frotter un corps conducteur tenu à la main, il ne produit jamais de phénomènes électriques. Mais si on vient à le tenir par l'intermédiaire d'un corps isolant, il s'électrise par le frottement et produit des attractions et des répulsions comme les corps mauvais conducteurs. On peut s'en assurer en frottant ou en battant avec une peau de chat une boule de laiton qu'on tient par un manche en verre ; elle attire alors très vivement les corps légers.

Distinction de deux électricités. — Prenons un pendule dont le fil est en soie et électrisons la balle de sureau par le contact avec un bâton de verre frotté avec du drap ; la balle est alors repoussée par le bâton de verre. Mais si nous en approchons un bâton de résine frotté avec de la peau de chat, elle est attirée. L'électricité développée sur la résine et l'électricité développée sur le verre sont donc différentes, puisque l'une attire et que l'autre repousse la même balle électrisée. — Si nous touchons la balle de sureau avec la main pour la ramener à l'état neutre, c'est-à-dire pour faire disparaître son électricité, nous pourrons recommencer l'expérience dans l'ordre inverse en électrisant le pendule par contact avec la résine ; la balle sera alors repoussée par la résine et attirée par le verre.

On donnait autrefois à l'électricité du verre le nom d'électricité *vitrée*, à celle de la résine le nom d'électricité *résineuse*. Ces dénominations sont mauvaises, parce que la nature de l'électricité qui se développe sur un corps quelconque dépend du corps avec lequel on le frotte. On appelle aujourd'hui électricité *positive* l'électricité qui se produit sur le verre frotté avec du drap, et électricité *négative* celle qui se manifeste sur la résine frottée avec de la peau de chat.

En général, tout corps électrisé qui est attiré par l'électricité positive est repoussé par l'électricité négative, et inversement. Il n'y a pas de corps électrisé qui soit attiré ou repoussé eu même temps par les deux électricités positive et négative.

Il y a donc deux espèces d'électricité et deux seulement. Si on prend deux doubles pendules et si on électrise l'un positivement et l'autre négativement, on constate, en les approchant l'un de l'autre, que les balles d'un même pendule, qui se repoussent entre elles, attirent celles de l'autre. Donc, *les électricités de même nom se repoussent et les électricités de noms contraires s'attirent.*

Production simultanée des deux électricités. — Quand on frotte deux corps l'un contre l'autre, on ne peut pas dire que l'un est le corps frottant, l'autre le corps frotté; ils se frottent l'un l'autre. Si donc l'un s'électrise, l'autre s'électrise aussi. Et si, quand on frotte du verre avec du drap, on ne constate pas que le drap s'électrise, c'est parce qu'il est conducteur et tenu à la main. Mais si on prend deux disques de nature différente A et B, munis de manches de verre (fig. 98), et

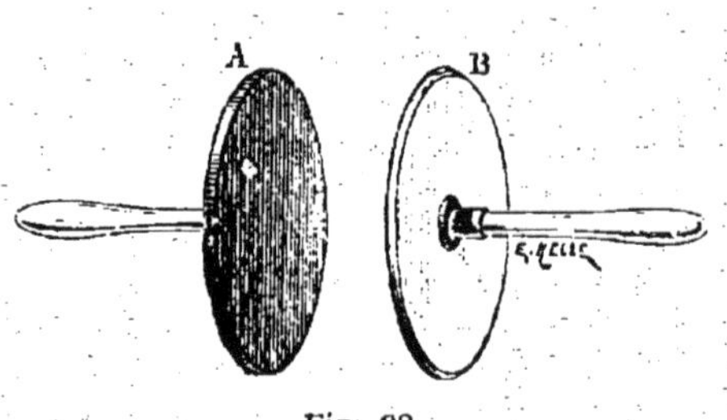

Fig. 98.
Plateaux de Wilcke.

si, les tenant par ces manches, on les frotte l'un contre l'autre, on peut voir, en les approchant successivement d'un même pendule électrisé, que l'un des disques l'attire et que l'autre le repousse. Le même phénomène se reproduit dans l'ordre inverse quand on change la nature de l'électricité du pendule.

Il résulte de là que le frottement de deux corps l'un contre l'autre détermine l'électrisation simultanée des deux corps et que l'un d'eux s'électrise positivement tandis que l'autre se charge d'électricité négative.

II. — DISTRIBUTION DE L'ÉLECTRICITÉ

Corps conducteurs électrisés. —On doit se demander si l'électricité qui réside sur un corps conducteur est répartie dans toute la masse ou si elle se trouve sur certaines portions du solide seulement. L'expérience prouve que, dans les corps conducteurs électrisés, l'électricité est localisée à la surface extérieure. Voici plusieurs moyens de s'en assurer.

Prenons une sphère creuse en laiton, portée sur un pied de verre. Elle présente à sa partie supérieure un orifice par lequel on peut introduire une petite boule métallique munie d'un manche isolant. Électrisons la sphère par un procédé quelconque et touchons sa surface externe avec la petite boule dont le manche est tenu à la main; si nous approchons alors cette boule de la balle de sureau d'un pendule électrique, il se produit une attraction qui indique que la boule métallique s'est électrisée par son contact avec la surface extérieure de la sphère. Ramenons cette boule à l'état neutre en la touchant avec la main, introduisons-la dans la sphère creuse et mettons-la au contact de la surface interne; si nous la retirons ensuite, en prenant soin de ne pas frôler les bords, et si nous la présentons à un pendule électrique, il n'y a pas attraction. Donc la sphère électrisée a toute son électricité sur la surface extérieure; il n'y en a pas à l'intérieur.

Un second appareil consiste en une sphère métallique A isolée par un pied de verre P et en deux hémisphères métalliques B et B' dont le diamètre intérieur est égal à celui de la sphère et qui sont munis de manches de verre V et V'; cha-

cun d'eux est légèrement échancré, de façon à livrer passage
au pied de verre de la sphère quand on la recouvrira des deux
hémisphères (fig. 99). Électrisons la sphère, puis emboîtons-la

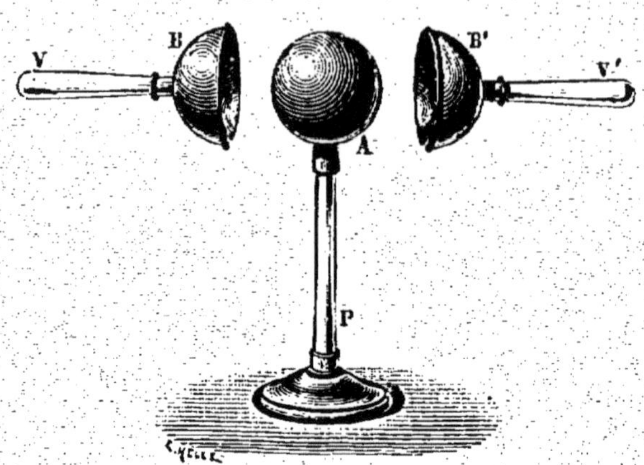

Fig. 99. — Sphère avec deux hémisphères.

dans les deux hémisphères appliqués exactement sur elle : la
sphère et les hémisphères ne forment plus alors qu'un seul
corps conducteur, et si l'électricité du corps conducteur se
porte uniquement à leur surface extérieure, elle doit se trouver tout entière sur les deux hémisphères. On peut le vérifier
en séparant brusquement et en même temps ces deux hémisphères; chacun d'eux agit sur un pendule électrique, tandis
que la sphère est à l'état neutre.

Corps non conducteurs électrisés. — Lorsqu'un
corps isolant est électrisé par le frottement ou de toute autre
manière, son électricité pénètre lentement et graduellement
dans toute sa masse avec une rapidité qui dépend de la nature
et de la forme du corps. On peut s'en assurer en frottant un
bâton de résine avec de la peau de chat; au bout d'un certain
temps, on peut toucher avec la main toute la surface du bâton
aux différents points de laquelle s'est développée l'électricité
par le frottement. On enlève ainsi, par le contact de la main,
toute l'électricité de la surface. Mais le bâton de résine reste
électrisé et, au bout de quelques instants, on peut constater

que l'électricité qui s'était propagée à l'intérieur a repassé en partie sur la surface; si, en effet, on met alors le bâton de résine au contact d'un double pendule très léger, les deux balles de sureau se repoussent.

Distribution à la surface des conducteurs. — Revenons au cas intéressant des corps conducteurs. L'électricité y est-elle répartie uniformément sur toute la surface, ou bien est-elle accumulée plus spécialement sur cette certaines parties de cette surface?

On peut étudier cette distribution de l'électricité à la surface des conducteurs au moyen du *plan d'épreuve*. C'est un petit disque métallique d'environ un centimètre de diamètre, muni d'un manche isolant. Si on l'applique sur un corps conducteur électrisé, il prend l'électricité de la petite portion de surface qu'il recouvre, puisqu'il forme corps avec le conducteur et que l'électricité se porte toujours à l'extérieur. En le mettant alors au contact d'un double pendule sensible formé de deux feuilles d'or, on peut juger, par l'angle dont elles divergent, de la force avec laquelle elles se repoussent et, par suite, du plus ou moins d'électricité que le plan d'épreuve a apporté sur ce double pendule. En touchant ainsi avec le plan d'épreuve, préalablement ramené à l'état neutre, différents points du conducteur électrisé, on reconnaîtra quels sont les points de ce corps sur lesquels l'électricité se trouve en plus grande quantité.

C'est ainsi que l'on a pu vérifier expérimentalement que, sur une sphère conductrice électrisée, placée assez loin de tout autre corps, l'électricité est distribuée uniformément sur toute la surface. Ce résultat pouvait se prévoir, puisque, dans une sphère, rien ne distingue les divers points de la surface.

L'expérience a montré ensuite que, sur un conducteur qui n'est pas sphérique, l'électricité n'est pas uniformémsnt distribuée. Ainsi, sur un corps qui aurait la forme d'un œuf, il y en a plus sur les sommets qu'en tout autre point. En général, il y a d'autant plus d'électricité sur une région d'un conducteur que la courbure du corps est plus prononcée en cette région ; les portions plates de la surface contiennent toujours très peu d'électricité.

Effet des pointes. — Il résulte de ce qui précède que si un conducteur électrisé présente une pointe aiguë, presque toute l'électricité de ce corps s'accumule sur cette pointe. Quoique le milieu ambiant, généralement l'air atmosphérique, soit peu conducteur, elle se propage alors dans ce milieu en électrisant les molécules au contact de la pointe ; celles-ci sont alors repoussées par la pointe, puisque les électricités de même nom se repoussent ; elles sont remplacées immédiate‑ ment par d'autres, qui prennent à leur tour une partie de l'électricité de la pointe ; de sorte que, en un temps très court, le conducteur n'est plus électrisé. La conclusion de ceci, c'est que, si l'on veut garder de l'électricité sur un corps conduc‑ teur isolé, il faut qu'il ne présente ni pointes ni arêtes vives. Aussi les conducteurs employés en électricité sont-ils toujours terminés par des contours arrondis.

Vent électrique. — Tourniquet électrique. — Nous venons de dire que l'air au contact de la pointe s'élec‑ trise, et qu'il se produit alors, entre la pointe et les molécules d'air électrisées, une action répulsive mutuelle.

Si la pointe est fixe, l'air est repoussé dans la direction de la pointe et produit ce qu'on appelle un vent électrique. On peut le manifester aux yeux de la façon suivante : on installe une pointe métallique horizon‑ tale P sur un conducteur qu'on électrise d'une façon continue par un procédé que nous étudierons plus loin (c'est le conducteur d'une machine électrique), et on place devant la pointe la flamme d'une bougie B ; on voit immédiatement

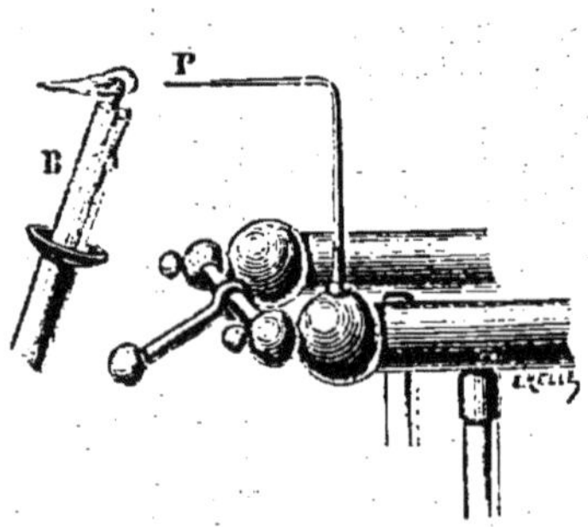

Fig. 100. — Vent électrique.

la flamme se courber comme lorsqu'on souffle sur la bougie (fig. 100) ; il arrive même qu'elle s'éteint.

Lorsque la pointe est très mobile, elle se met elle-même
en mouvement, en sens contraire du
vent électrique. On peut installer, sur
un pivot porté par le même conducteur électrisé, un ensemble de petites
tiges métalliques horizontales terminées par des pointes recourbées horizontalement, toutes dans le même
sens ; ce petit appareil se met à tourner dans le sens contraire de la direc-
tion des pointes (fig. 101). C'est le *tourniquet électrique.*

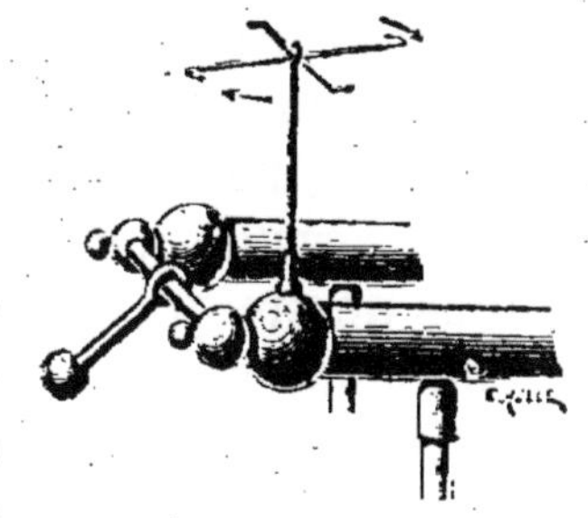

Fig. 101.—Tourniquet électrique

Hypothèse des fluides. — On ignore absolument la
nature de l'électricité. Pour satisfaire l'imagination et avoir un
moyen de rattacher entre eux les différents phénomènes électriques, on a supposé que l'électricité est un fluide invisible et
sans poids; il glisserait sans frottement sur les corps conducteurs, mais adhérerait aux points des corps isolants auxquels
il se trouverait placé. On a donné à ce fluide hypothétique les
propriétés nécessaires pour qu'elles expliquent tous les phénomènes connus ; il n'y a donc rien d'étonnant à ce que les
phénomènes électriques soient des conséquences immédiates
des propriétés de ce fluide, et cela n'apporte aucune preuve
en faveur de son existence.

Les hypothèses ont été diverses. Franklin imagine qu'un
corps quelconque à l'état neutre contient une quantité déterminée et normale de ce fluide. Si, par un procédé quelconque, on accroît cette quantité, le corps est électrisé positivement ; si on la diminue, le corps présente les propriétés de
l'électricité négative. Dans cette hypothèse, le frottement de
deux corps l'un contre l'autre a pour résultat de faire passer
un peu du fluide de l'un sur l'autre ; le premier devient donc
négatif et le second positif. L'électrisation positive par contact
s'explique alors par le fait du passage d'une partie de l'excès
de fluide du corps électrisé sur l'autre; l'électrisation négative, par le passage d'une partie du fluide du corps neutre sur

le corps électrisé négativement, qui en possède moins que sa quantité normale.

Symmer, de son côté, a imaginé deux fluides, l'un positif, l'autre négatif ; mélangés en quantités égales, ils donnent du fluide neutre qui est sans action ; tous les corps neutres contiendraient une quantité illimitée de fluide neutre. Dans cette théorie, le frottement aurait pour effet de décomposer une partie du fluide neutre de la surface de contact, le fluide positif allant sur l'un des corps frottés, le fluide négatif sur l'autre. L'électrisation par contact serait due au partage, entre les deux corps, de l'excès de fluide positif ou négatif du corps électrisé. C'est généralement cette hypothèse de Symmer que l'on emploie aujourd'hui dans les cours élémentaires de physique.

CHAPITRE II

Influence ou induction électrostatique

I. — Phénomène général de l'influence

Influence sur les corps conducteurs. — Soit une sphère S électrisée positivement. Approchons-en un corps conducteur isolé à l'état neutre, le cylindre A B, par exemple,

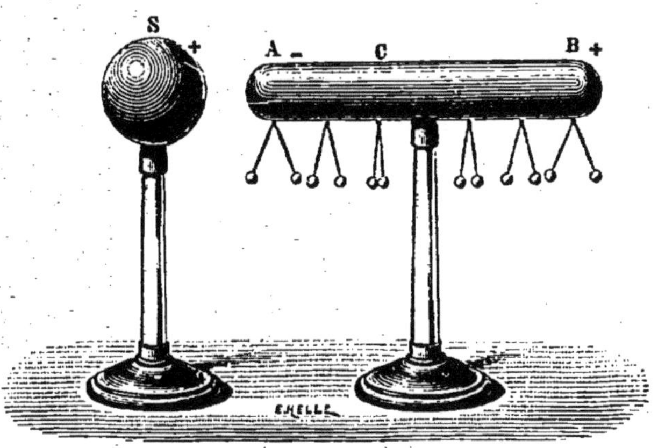

Fig. 102.
Électrisation par influence.

portant de petits pendules électriques dans toute sa longueur (fig. 102). Nous constatons immédiatement que les pendules divergent, sauf vers une certaine région C, située entre le milieu du cylindre et l'extrémité A la plus rapprochée de la sphère. Donc, le corps A B s'est électrisé à ses deux extrémités rien qu'en l'approchant à une certaine distance de la sphère S.

Ce phénomène est connu sous le nom d'*influence électrique* ou d'*induction électrostatique*. Le corps électrisé primitivement est appelé *corps influent* ou *inducteur;* le second porte le nom de *corps influencé* ou *induit.*

Si on approche des pendules du corps induit un bâton de verre frotté avec du drap, et par conséquent électrisé positivement, on constate que le pendule A est attiré et le pendule B repoussé. Donc, l'extrémité A du corps induit la plus rapprochée du corps inducteur positif est électrisée négativement, et l'extrémité la plus éloignée est chargée d'électricité positive. Entre les deux, il y a nécessairement une région qui n'est ni positive ni négative, c'est la *ligne neutre* C.

Le phénomène de l'influence est une conséquence directe de la théorie des fluides. En effet, en présence du fluide + du corps inducteur S, le fluide neutre du corps A B est décomposé, le fluide — est attiré et le fluide + repoussé ; comme ces fluides sont sur un corps conducteur, ils glissent instantanément pour venir le premier en A, le second en B.

Si on vient à mettre le corps influencé en communication avec le sol par un point quelconque, ce que l'on peut faire en le touchant avec le doigt, le fluide +, qui est repoussé le plus loin possible, s'écoule dans le sol, et l'extrémité A reste seule électrisée. C'est ce que l'expérience vérifie. On peut même constater que le pendule A diverge alors d'un angle plus grand que précédemment : le fluide — peut, en effet, s'accumuler maintenant en plus grande quantité, l'action du fluide + du corps S n'étant plus contrariée par l'action du fluide + de l'extrémité B. Mais, même dans ce cas, la quantité du fluide produit par influence est plus petite que la quantité du fluide inducteur. Supposons, en effet, l'équilibre établi, et considérons une molécule du fluide neutre du cylindre, composée de deux molécules égales de fluide + et de fluide — ; puisqu'elle n'est pas décomposée, c'est que chacune de ses deux parties est attirée et repoussée également par le fluide + de la sphère S et par le fluide — accumulé en A. Or ce fluide induit agit à une distance plus petite que le fluide inducteur ; il faut donc, pour que leurs actions se contrebalancent, que la quantité du premier soit plus petite que la quantité du second.

Influence sur les corps isolants. — Lorsqu'on soumet un corps mauvais conducteur à l'influence d'un corps électrisé, son fluide neutre est aussi décomposé comme dans un corps conducteur. Mais comme les fluides électriques ne se déplacent que très difficilement dans les corps mauvais conducteurs, il faudra un temps très long pour que le phénomène de l'induction électrostatique se manifeste, et encore cette induction sera-t-elle toujours faible.

Si on éloigne alors le corps inducteur, les fluides resteront longtemps séparés sur le corps induit, malgré leur attraction mutuelle. Dans le cas d'un corps conducteur, au contraire, le corps induit revient immédiatement à l'état neutre, dès qu'on a éloigné le corps influent.

Électrisation par l'étincelle. — Reprenons le cas de l'influence sur un conducteur. Si la distance des corps inducteur et induit devient suffisamment petite, le fluide du premier et le fluide de nom contraire du second peuvent se

Fig. 103. — Électrisation par étincelle.

recombiner partiellement à travers l'air; cette recombinaison est accompagnée d'un phénomène lumineux et d'un bruit sec : c'est l'*étincelle électrique* (fig. 103). Si ensuite on éloigne le corps influencé, il contiendra un excès du fluide de même nom que celui du corps influent, et sera, par conséquent, électrisé comme s'il avait été mis au contact du corps influent.

Attraction des corps neutres. — Supposons un corps conducteur neutre reposant sur le sol, et approchons-en un corps électrisé; le phénomène de l'influence se produira, l'électricité de même nom que celle du corps inducteur sera repoussée dans le sol, et le corps influencé ne contiendra que de l'électricité de nom contraire; il sera donc attiré vers le corps inducteur. S'il est suffisamment léger, il sera soulevé et viendra au contact; son fluide se recombinera avec le fluide du corps inducteur; il repassera donc à l'état neutre; mais, immédiatement, il se chargera par contact du fluide de ce corps inducteur, sera repoussé, retombera sur le sol, dans lequel s'écoulera son électricité. Il sera alors dans les conditions initiales; il y aura donc une nouvelle attraction, suivie d'une répulsion, et ainsi de suite.

Dans le cas où le corps influencé présente des pointes, comme une barbe de plume, par exemple, l'attraction aura d'abord lieu; mais la barbe de plume ne s'électrisera pas sensiblement par contact, parce qu'elle perd l'électricité par sa pointe à mesure qu'elle la reçoit; aussi la répulsion se fait-elle généralement attendre. C'est pour cette raison que, dans nos premières expériences, nous avons employé de petits disques de papier.

Lorsque le corps neutre ne communique pas d'abord avec le sol, les phénomènes sont encore les mêmes que précédemment, parce que l'électricité de nom contraire du corps induit est plus proche du corps inducteur que l'électricité de même nom. Toutefois, les attractions sont moins vives.

Effet des pointes par influence. — Si on approche d'un corps S électrisé positivement, par exemple, un conducteur isolé terminé par une pointe aiguë, celui-ci s'électrisera par influence. Si la pointe est à l'extrémité la plus éloignée du corps inducteur, comme dans la figure 104, le fluide + s'écoulera dans l'air, et bientôt le corps A B ne sera plus chargé que de fluide —, comme si on l'avait mis en communication avec le sol. Mais si la pointe est tournée vers le corps S (fig. 105), le fluide —, qui s'y portera, s'écoulera dans l'air et, attiré par le fluide inducteur, se recombinera avec une partie de celui-ci : le corps A B ne contiendra donc plus que du fluide +, et la quantité du fluide + du corps S aura diminué. — Si le corps induit n'est pas isolé, si c'est une pointe en communication avec le

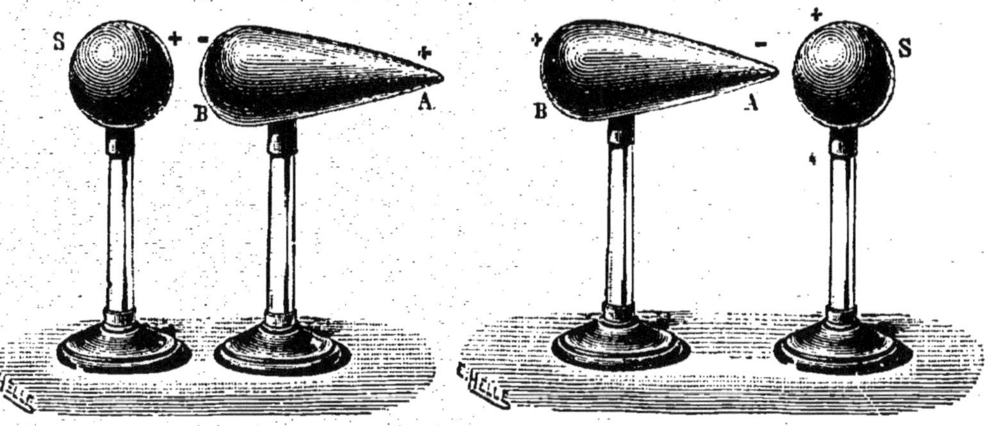

Fig. 104-105. — Effet des pointes par influence.

sol, le phénomène précédent se continuera indéfiniment, jusqu'à ce que le corps S soit ramené à l'état neutre. Il suffît donc, pour ramener à l'état neutre un corps électrisé, d'en approcher une pointe métallique aiguë en communication avec le sol. La pointe d'une flamme peut jouer le même rôle : si on tient à la main une lampe métallique allumée, et si on approche la pointe de la flamme d'un double pendule à feuilles d'or électrisé, on constate immédiatement que la divergence des feuilles d'or va en diminuant jusqu'à ce que ce pendule ait passé à l'état neutre.

Électroscope. — Un *électroscope* est un appareil destiné à rechercher si un corps est électrisé et, dans le cas de l'affirmative, à déterminer la nature de son électricité.

Ce n'est autre chose qu'un double pendule (fig. 106) constitué par deux feuilles d'or égales *a a'* pincées à l'extrémité inférieure d'une tige métallique qui se termine à l'autre extrémité par un bouton B. Cette pièce métallique traverse la paroi supérieure d'une cloche en verre C qui a plusieurs raisons d'être : d'abord, elle sert de support isolant; en second lieu, elle tient les feuilles d'or à l'abri des mouvements de l'air ambiant;

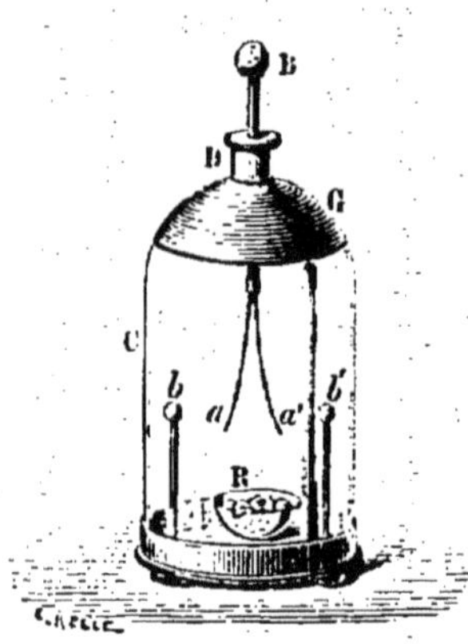

Fig. 106. — Électroscope.

enfin, on peut y introduire un corps desséchant, comme de la chaux vive R, qui maintient l'intérieur de l'appareil toujours également sec. Généralement on ajoute deux petites tiges métalliques terminées par des boules b b', et placées de part et d'autre des feuilles d'or.

Pour reconnaître si un corps est électrisé, il suffit de l'approcher du bouton extérieur de l'électroscope. S'il est électrisé, la partie métallique de l'appareil s'électrise par influence, le fluide de même nom est refoulé dans les feuilles d'or qui divergent. Si le corps est neutre, on ne constate aucun mouvement des feuilles.

Supposons-le donc électrisé et proposons-nous de rechercher si son électricité est positive ou négative. Nous commencerons par charger l'appareil d'une électricité connue : nous approcherons, par exemple, un bâton de résine négatif, le fluide positif induit se portera sur le bouton de l'élestroscope et le fluide négatif dans les feuilles d'or ; pendant ce temps, nous toucherons un instant le bouton avec le doigt, le fluide négatif s'écoulera dans le sol et les feuilles retomberont ; si nous éloignons alors le corps inducteur, le fluide positif qui était accumulé sur le bouton se répandra sur les feuilles d'or, qui divergeront de nouveau. L'appareil est alors prêt à être utilisé. Approchons-en doucement le corps électrisé que nous voulons étudier : s'il est positif, le fluide + qui est resté sur le bouton sera repoussé dans les feuilles d'or, dont la divergence s'accroîtra ; s'il est négatif, le fluide + qui charge l'électroscope sera attiré vers le bouton et les feuilles d'or se rapprocheront.

Les deux petites boules latérales ont pour effet de donner à l'appareil plus de sensibilité. Lorsque les feuilles d'or sont électrisées, elles influencent les deux boules qui sont en communication avec le sol et qui, par conséquent, se chargent d'une électricité contraire à celle des feuilles, les attirent et augmentent leur divergence. Si, d'autre part, cette divergence devenait brusquement trop grande, les feuilles d'or viendraient se décharger au contact de ces boules et ne courraient pas le risque d'aller toucher la paroi de verre et d'y adhérer.

II. — MACHINES ÉLECTRIQUES

Les *machines électriques* sont des sources d'électricité, c'est-à-dire des appareils fournissant de l'électricité à la volonté de l'expérimentateur. On a construit un très grand nombre de machines électriques de formes diverses et basées sur des principes différents. On ne décrira ici que les deux plus simples.

Électrophore. — L'*électrophore* (fig. 107) se compose de deux pièces séparées. L'une est un gâteau de résine F coulé dans un moule en métal ou en bois; l'autre est un disque en bois P complètement recouvert d'une feuille d'étain et muni d'un manche isolant M. On frotte ou on bat la résine avec de la peau de chat : elle s'électrise négativement. On la recouvre alors du disque de bois, qui s'électrise par influence, positivement sur la face inférieure, négativement sur la face supérieure ; si on le touche alors avec le doigt, l'électricité négative s'écoule dans le sol et le disque reste chargé d'électricité positive ; on le saisit alors par le manche isolant et on peut utiliser sa charge électrique pour produire un phénomène quelconque, par exemple une

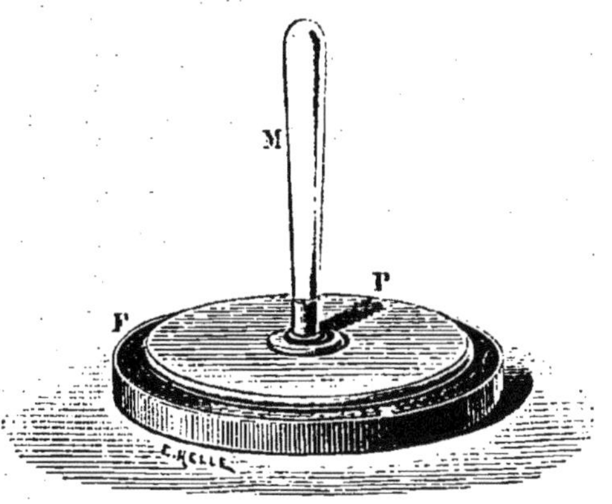

Fig. 107. — Électrophore.

combinaison chimique de deux gaz. — Pour charger une seconde fois le disque, il suffira, sans frotter de nouveau la résine, de recommencer la même opération ; et ainsi de suite, autant de fois que l'on voudra.

Remarquons que l'électricité négative du gâteau de résine ne passe sensiblement pas sur le disque par contact, parce que la résine est un corps mauvais conducteur, et que le disque de bois recouvert d'étain ne le touche qu'en un petit nombre de points.

Souvent on remplace le gâteau de résine par une lame circulaire de caoutchouc durci, qui joue le même rôle.

Machine de Ramsden. — L'électrophore ne donne que de petites quantités d'électricité à la fois. Otto de Guéricke a, le premier, imaginé une machine produisant de l'électricité d'une façon continue. La machine la plus ordinairement employée aujourd'hui est due à Ramsden.

Elle consiste en un plateau de verre vertical, mobile autour d'un axe horizontal au moyen d'une manivelle ; ce plateau tourne entre deux paires de coussins placés en haut et en bas sur le diamètre vertical (fig. 108). Devant le plateau se trouvent deux cylindres métalliques, portés par des pieds de verre et réunis entre eux ; ce sont les *conducteurs* de la machine. Ces conducteurs sont armés chacun d'un peigne métallique en forme de fer à cheval, contournant le bord du plateau et portant ses pointes dirigées vers le plateau.

Lorsqu'on fait tourner le plateau de verre, il s'électrise positivement ; les coussins prennent de l'électricité négative, qui s'écoule dans le sol par l'intermédiaire de chaînes dont ils sont munis. Les conducteurs s'électrisent par influence ; l'électricité positive est repoussée à l'extrémité la plus éloignée, et l'électricité négative attirée sur les pointes des peignes d'où elle s'écoule dans l'air pour ramener à l'état neutre les portions du plateau qui passent entre ces peignes. On peut donc d'une manière continue tirer de l'électricité de ces conducteurs, le même phénomène d'influence se reproduisant indéfiniment.

On voit que le plateau de verre n'est jamais électrisé que sur deux quadrants opposés. Pour éviter que leur électricité ne se perde dans l'air, on les entoure d'enveloppes de taffetas

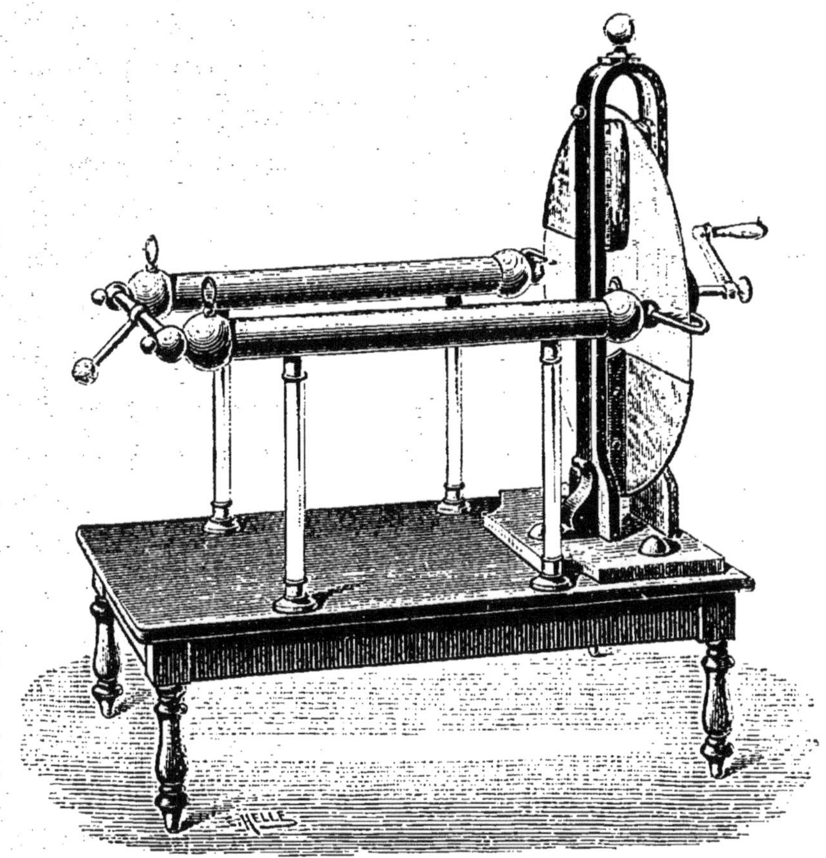

Fig. 108. — Machine de Ramsden.

que l'on nomme *armatures*. Quant aux coussins qui ont une grande influence sur le débit de la machine, on les enduit généralement d'une substance onctueuse au toucher, le bisulfure d'étain, connu sous le nom d'*or mussif*.

La plupart des machines portent vissé sur l'un des conducteurs un *électromètre de Henley* (voir fig. 115). C'est un petit pendule électrique dont le fil est remplacé par une petite tige conductrice en ivoire, mobile autour de son point de suspension. Le support est également conducteur ; il est muni d'un demi-cercle en ivoire dont le centre est au point de suspension du pendule et qui servira à mesurer l'écart de ce pendule. La balle de sureau s'électrisant par conductibilité comme son support est repoussée par celui-ci et par la machine, et cette répulsion est d'autant plus grande que la charge électrique des conducteurs est plus grande.

III. — Condensation électrique

Phénomène de la condensation. — Supposons un conducteur A porté par un pied isolant et en communication avec une machine électrique positive S par l'intermédiaire d'une chaîne, par exemple, (fig. 109); il se chargera d'électricité jusqu'à ce qu'une molécule de fluide sur la chaîne soit repoussée également par l'électricité de la machine et par l'électricité déjà arrivée sur le corps A. Mais si, à ce moment, on vient à approcher du corps A un conducteur B en communication avec le sol,

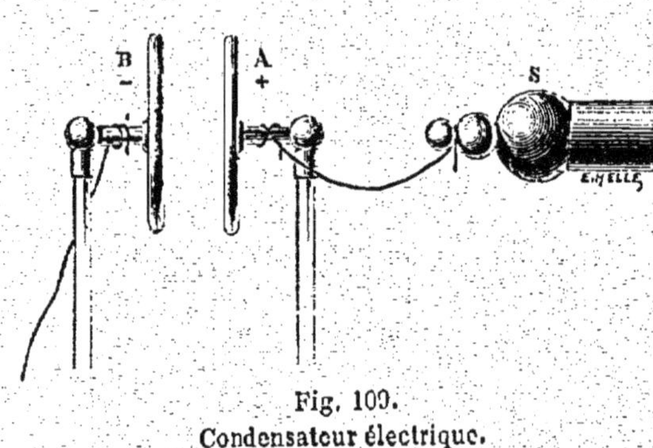

Fig. 109.
Condensateur électrique.

celui-ci s'électrisera par influence, son électricité négative se portera du côté du corps inducteur A et son électricité positive sera refoulée dans le sol. Le fluide négatif induit attire le fluide positif du corps A, qui vient s'accumuler sur la région voisine de B ; donc une nouvelle quantité d'électricité va passer de la machine électrique sur le corps A ; et cette électricité arrivée de la machine agira comme la première sur le conducteur B, dont la charge augmentera ; cet accroissement de l'électricité du corps B déterminera une attraction plus grande de l'électricité du conducteur A du côté de B, et, pour la même raison que tout à l'heure, la charge de A s'accroîtra ; et ainsi de suite jusqu'à ce que l'équilibre s'établisse. Si alors, avec un

bâton de verre, on détache la chaîne du corps A et qu'on
éloigne ensuite le corps B, on voit que le premier contiendra
une quantité d'électricité plus grande que si on n'avait pas
approché le corps B. Nous savons, d'autre part, que le fluide
induit sur le corps B est en quantité plus petite que le fluide
A. — Ce phénomène est appelé *condensation* de l'électricité. Les
appareils qui servent à le produire sont appelés *appareils condensateurs;* le corps B, qui détermine l'accumulation de l'électricité sur A, porte le nom de *condensateur*, et le corps A qui
la reçoit est le *collecteur*. Le corps isolant (ici l'air) qui sépare
ces deux parties de l'appareil est nommé la *lame isolan .* On
a donné aux appareils condensateurs des formes très diverses.

Appareil condensateur à plateaux. — Le condensateur et le collecteur peuvent être deux plateaux métalliques

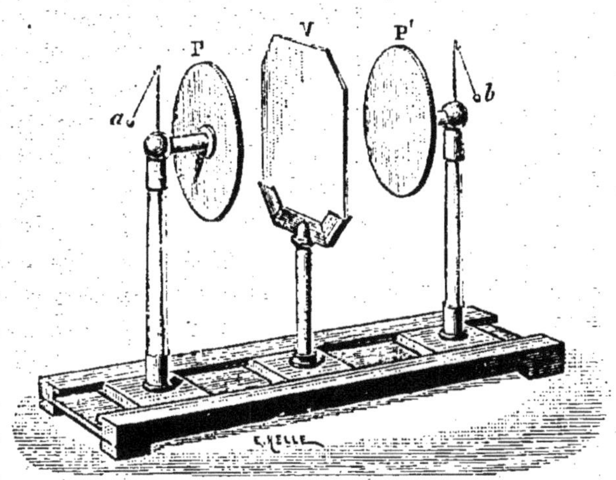

Fig. 110. — Condensateur à plateaux et lame de verre.

parallèles portés par des pieds de verre, et la lame isolante une
lame d'air qui aura une épaisseur suffisante pour qu'il ne jaillisse aucune étincelle entre les plateaux; parfois on ajoute à
la lame d'air une lame de verre (fig. 110). D'ordinaire, chaque
plateau est muni d'une sorte d'électromètre de HENLEY.

D'autres condensateurs se composent uniquement d'un
carreau de verre qui joue le rôle de lame isolante, et sur les

deux faces duquel on colle des feuilles d'étain dont les dimensions sont plus petites que celles du carreau. Alors chaque feuille d'étain porte un petit pendule électrique à fil de chanvre, qui permettra, comme l'électromètre de Henley, d'apprécier l'état électrique de ces feuilles.

Bouteille de Leyde. — On donne souvent aux appareils condensateurs une forme plus commode. La lame isolante est une bouteille en verre. Sur toute la surface extérieure, sauf sur le col et la région voisine, on a collé une feuille d'étain E qui sera le condensateur (fig. 111). On remplit la bouteille de feuilles d'étain ou d'or et on la ferme par un bouchon de liège traversé par un crochet métallique T dont l'extrémité inférieure plonge au milieu des feuilles métalliques; ce crochet forme avec ces feuilles le collecteur. Généralement on recouvre de gomme laque ou d'une couche de cire d'Espagne le haut de la bouteille G, pour que le crochet soit mieux isolé de la feuille d'étain extérieure. Cette feuille porte aussi le nom d'*armature externe*, le collecteur étant appelé *armature interne*.

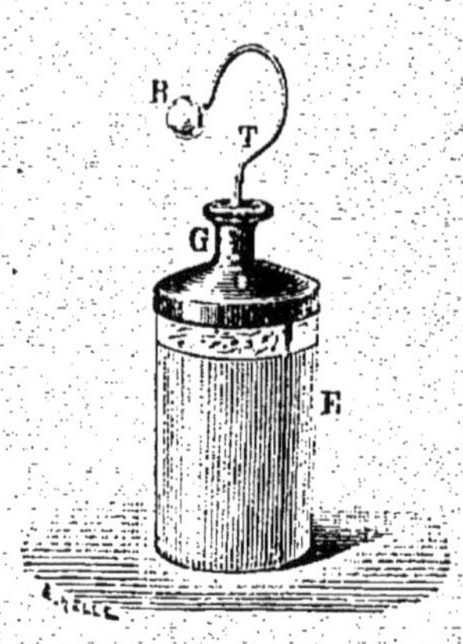

Fig. 111.
Bouteille de Leyde.

Pour charger la bouteille de Leyde, on tient l'armature externe à la main et on approche d'une machine électrique l'armature interne. Ou bien on accroche par son crochet la bouteille à l'un des conducteurs d'une machine électrique, et l'on met l'armature externe en communication avec le sol par l'intermédiaire d'une chaîne métallique.

Décharge du condensateur. — La décharge d'un condensateur peut s'effectuer de deux manières, instantanément ou par décharges successives.

La décharge instantanée s'obtient en réunissant par un conducteur métallique les deux armatures dont les électricités de noms contraires se recombinent; il ne reste sur l'ensemble des deux armatures que le fluide en excès sur le collecteur. Le conducteur métallique dont on se sert généralement est l'*excitateur à manches de verre* (fig. 112) : c'est l'ensemble de deux arcs B B' réunis par une charnière A et munis chacun d'un manche en verre M M' qu'on saisit à la main. — Quand l'une des branches touche l'une des armatures et qu'on approche l'autre branche de la seconde armature, une étincelle jaillit (fig. 113) au moment où le contact va avoir lieu.

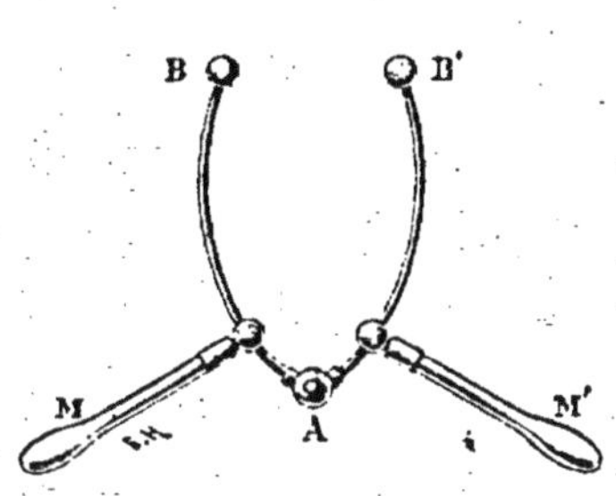

Fig. 112.
Excitateur à manches de verre.

Mais supposons une bouteille de Leyde chargée reposant sur un corps isolant. La charge du collecteur étant plus grande que celle de l'armature externe, si on met le collecteur en communication avec le sol, il perd une partie de son électricité et conserve uniquement le fluide, qui est maintenu par l'influence de l'armature externe. Supprimons cette première communication et relions l'armature externe au sol ; elle ne conservera alors que la quantité d'électricité attirée par le collecteur. On pourra ensuite faire disparaître de nouveau une partie de l'électricité qui reste sur le collecteur, puis une partie du fluide qui charge l'armature externe, et ainsi de suite un très grand nombre de fois avant que l'appareil soit ramené à l'état neutre. A chacune de ces décharges successives jaillit une étincelle.

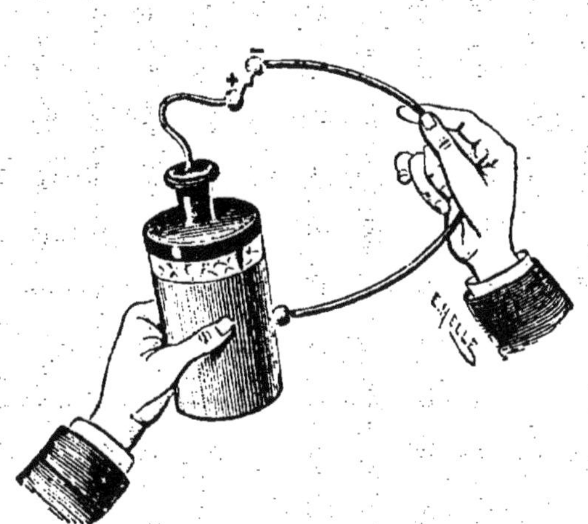

Fig. 113.
Décharge d'une bouteille de Leyde.

Électrisation de la lame isolante. — Lorsque la lame isolante est une lame de verre, comme dans la bouteille de Leyde, elle sépare à petite distance des fluides contraires qui s'attirent très fortement. Aussi, malgré le peu de conductibilité du verre, ces fluides se répandent-ils sur les deux faces de cette lame. On peut le montrer au moyen de la *bouteille à armatures mobiles.* Elle est composée d'un gobelet métallique A dans lequel on in-

Fig. 114. — Bouteille à armatures mobiles.

troduit un gobelet de verre V plus élevé et dont on enduit les bords avec de la cire d'Espagne ; dans ce vase, on place un cylindre métallique C muni d'un crochet *b*. On a ainsi constitué une bouteille de Leyde dont les trois parties peuvent se séparer facilement (fig. 114). Quand on a chargé cette bouteille, on la laisse au repos quelques instants, puis on enlève avec un bâton de verre l'armature interne et avec la main le vase isolant; on touche alors les deux armatures séparées pour les ramener à l'état neutre, et on reconstitue la bouteille. On constate, au moyen de l'excitateur à manches de verre, qu'on peut encore tirer de la bouteille une forte étincelle : l'électricité s'était donc portée sur les deux faces du gobelet de verre.

Jarres et batteries. — Les effets des bouteilles de Leyde sont d'autant plus marqués que ces bouteilles sont plus grandes. Une *jarre* est une bouteille de Leyde construite avec un grand bocal de verre.

Pour obtenir des effets plus intenses encore, on associe des jarres en reliant entre elles, par une feuille d'étain sur laquelle

Fig. 115. — Batterie électrique.

elles reposent, toutes les armatures externes, et par des tringles métalliques toutes les armatures internes. On a ainsi formé une *batterie* (fig. 115), qui agit comme une seule jarre dont la surface serait égale à la somme des surfaces des bouteilles employées.

CHAPITRE III

Effets de l'électricité

Toutes les fois qu'une certaine quantité d'électricité se recombine avec une quantité égale d'électricité contraire, il se produit des effets variés. La nature de ces effets dépend souvent de la manière dont s'effectue cette combinaison, qu'on appelle *décharge électrique*. La décharge est dite *conductive* si elle a lieu par l'intermédiaire d'un corps conducteur ; elle est *disruptive* quand elle s'effectue à travers un corps isolant.

Nous distinguerons les effets de l'électricité en effets physiologiques, mécaniques, calorifiques, lumineux et chimiques.

I. — EFFETS PHYSIOLOGIQUES

Les décharges conductives à travers le corps humain ne produisent pas ordinairement d'effets appréciables. Quand on a les pieds sur le sol et qu'on appuie la main contre l'un des conducteurs d'une machine électrique non chargée, si on vient à faire fonctionner cette machine, elle se décharge constamment à travers le corps humain sans produire aucune sensation.

Il n'en est pas de même des décharges disruptives. Quand on approche la main d'une machine électrique chargée, la main s'électrise par influence, et, quand la distance devient suffisamment petite, les fluides se recombinent à travers l'air entre la machine et la main : l'étincelle produit une piqûre plus ou moins douloureuse, suivant la charge de la machine et le degré de sensibilité de l'expérimentateur.

La même sensation se produit chez une personne ayant une main sur un conducteur d'une machine électrique et les pieds sur un *tabouret isolant* à pieds de verre, quand on en tire une étincelle.

L'effet est plus sensible quand on emploie une bouteille de Leyde en tenant l'armature externe d'une main et touchant l'armature interne de l'autre main. Les muscles traversés par la décharge se contractent vivement. — On peut répéter l'expérience faite autrefois par l'abbé Nollet sur une compagnie de gardes françaises. Plusieurs personnes se donnent la main de façon à former une chaîne ; la personne qui est à un bout de la chaîne prend l'armature externe de la bouteille de la main libre et présente l'armature interne à la main libre de la personne qui est à l'autre bout de la chaîne. Il jaillit une étincelle qui détermine au même instant une brusque commotion dans toute la chaîne. — Il serait dangereux d'opérer avec une batterie, la contraction violente des muscles du cœur pourrait amener la mort. Une dame ayant un jour touché par mégarde l'armature interne d'une grosse jarre électrisée eut pendant plusieurs jours tout un côté du corps paralysé.

II. — EFFETS MÉCANIQUES

L'électricité produit des effets mécaniques divers, soit des phénomènes de mouvement, soit des ruptures.

Mouvements. — Une cloche en verre a son sommet traversé par une tige de laiton T s'étalant à sa partie inférieure en forme de plateau P et mise en communication par le haut avec une machine électrique (fig. 116). De petites balles de sureau sont placées sur un disque métallique B mis en communication avec le sol et formant la base de la cloche. Ces balles de sureau subissent l'influence du plateau supérieur et sont alternativement attirées et repoussées, comme il a été expliqué plus haut (page 120). Cette expérience est connue sous le nom de *grêle électrique*.

Si on remplace les balles de sureau par de petites figurines en sureau, elles entreront en mouvement comme les balles de l'expérience précédente (fig. 117). C'est la *danse des pantins*.

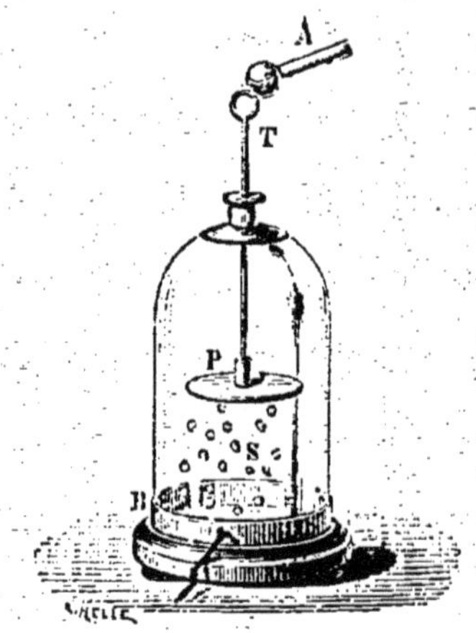

Fig. 116.
Grêle électrique.

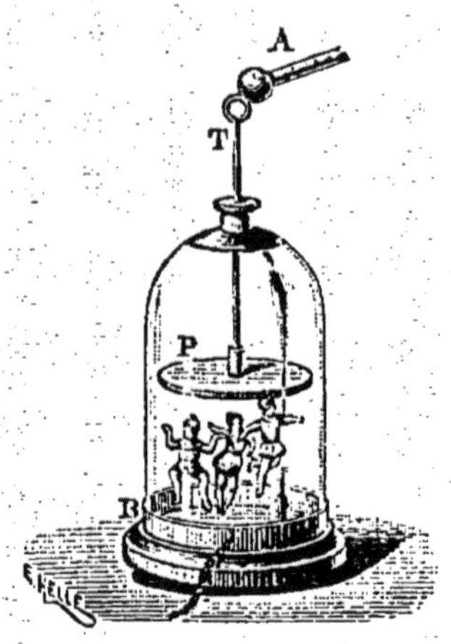

Fig. 117.
Danse des pantins.

Le *carillon électrique* se compose de trois timbres C D E suspendus à une même tige métallique A B fixée aux conducteurs d'une machine électrique; les deux timbres extrêmes sont portés par de petites chaînettes et le timbre du milieu par un fil de soie. Entre ces timbres sont deux petites balles métalliques soutenues par des fils de soie (fig. 118). Le timbre central est en communication avec le sol par l'intermédiaire d'une chaînette T. — Les timbres extrêmes, électrisés comme la machine, attirent les balles qui, après le contact, sont repoussées et vont toucher le timbre central qui les attire et sur lequel elles se déchargent.

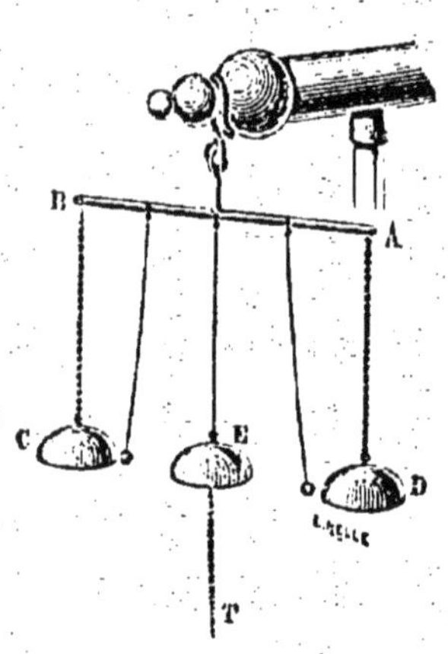

Fig. 118.
Carillon électrique.

Le même phénomène se répétant indéfiniment, les trois timbres produisent ainsi une succession de sons; d'où le nom de carillon électrique.

Phénomènes de rupture. — Lorsqu'il se produit une décharge électrique au travers d'un corps solide mauvais conducteur, il en résulte généralement une rupture de ce solide. L'expérience exige alors des décharges puissantes; aussi emploie-t-on dans ce cas la bouteille de Leyde ou même une batterie.

On peut interposer une carte entre deux pointes métalliques verticales dans le prolongement l'une de l'autre; la pointe inférieure est mise en communication avec le sol et la pointe supérieure avec l'armature interne d'une bouteille de Leyde dont l'armature externe est reliée au sol par une chaîne. Il y a combinaison, à travers la carte, du fluide de la bouteille avec le fluide de nom contraire développé par influence sur la pointe inférieure, et la carte présente un trou d'autant plus grand que la décharge a été plus intense. C'est l'expérience du *percecarte*.

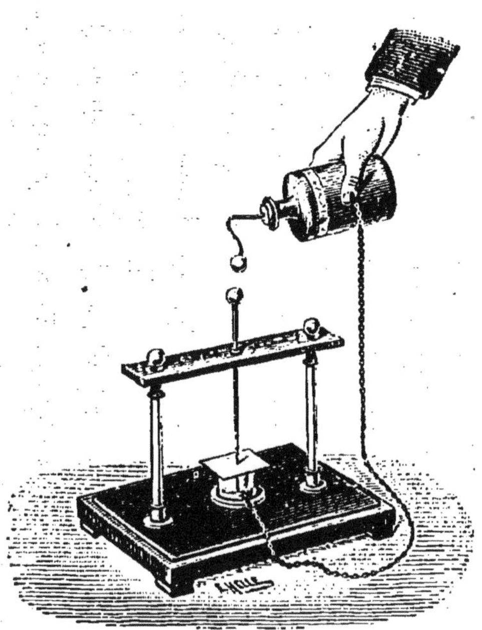

Fig. 119. — Expérience du perce-verre.

Le *perce-verre* est un appareil analogue. La carte y est remplacée par une lame de verre mince supportée par un petit cylindre de verre (fig. 119). La décharge produit un trou ou une rupture complète de la lame de verre interposée. De même, un morceau de bois bien sec peut voler en éclats sous l'action de la décharge d'une batterie.

III. — EFFETS CALORIFIQUES

Les décharges conductives produisent des élévations de température dans les conducteurs traversés brusquement par l'électricité. Ces élévations de température peuvent, suivant la nature, la longueur et la section de ces conducteurs, les faire rougir, les fondre et même les volatiliser. Les expériences peuvent se faire au moyen de *l'excitateur universel* (fig. 120) : ce sont deux tiges métalliques B, B' supportées par des pieds de verre; des charnières C permettent d'incliner ces tiges à volonté.

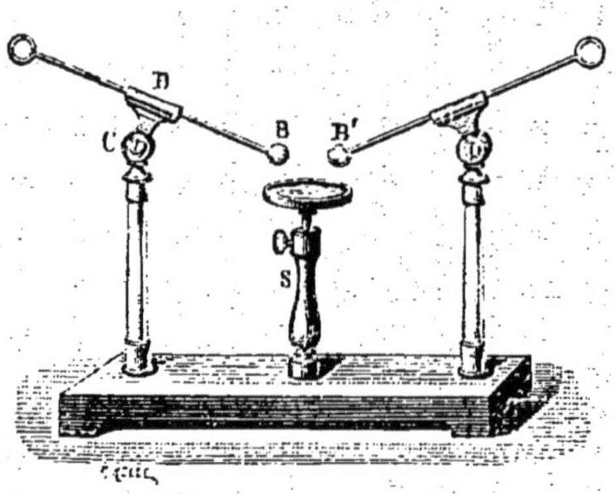

Fig. 120. — Excitateur universel.

Un fil de fer ou de platine réunissant ces deux tiges peut être amené au rouge et à la fusion quand on les met en communication avec les deux armatures d'une batterie, pourvu qu'il soit suffisamment fin et court.

Quand on remplace ce fil métallique par un fil de soie doré à sa surface, l'électricité passe uniquement par la mince couche d'or, qui peut être réduite en vapeur et laisser une trace brune sur une feuille de carton placée au contact.

Fig. 121 — Portrait de Franklin.

Le *portrait de Franklin* se fait de la même manière. Sur deux bords opposés d'un carré de carton (fig. 121), on a collé deux feuilles d'étain; on recouvre le carton d'une feuille d'or dont les bords touchent les deux feuilles d'étain; on recouvre la feuille d'or d'un autre carré de carton dans lequel a été découpé à jour le portrait de Franklin avec les mots *Franklin peint par la foudre* en exergue. Enfin, par-dessus, on place une feuille de soie blanche. Quand on produit une décharge à travers la feuille d'or, celle-ci est volatilisée, et la vapeur d'or se condensant à travers les découpures sur le ruban de soie y imprime en violet le portrait de Franklin.

IV. — EFFETS LUMINEUX

Nous venons de dire qu'une décharge conductive peut élever la température du conducteur traversé par l'électricité jusqu'au rouge. Le phénomène calorifique est donc accompagné d'un phénomène lumineux qui n'est que la conséquence du premier.

Les décharges disruptives donnent toujours lieu à des phénomènes lumineux. Nous avons déjà dit, en effet, que deux fluides contraires se combinant à travers l'air donnent naissance à l'étincelle électrique. On peut faire en sorte qu'il jaillisse au même instant des étincelles en un grand nombre de

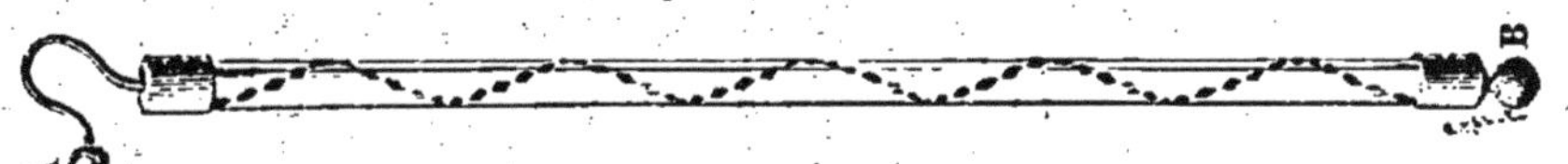

Fig. 122. — Tube étincelant.

points disposés de façon à former des dessins plus ou moins curieux. Dans le *tube étincelant* (fig. 122), on a collé sur un tube de verre de petits losanges d'étain figurant une spirale ; deux losanges voisins ont leurs pointes en regard et au voisinage l'une de l'autre ; les losanges extrêmes aboutissent à des garnitures métalliques A B dont l'une sera mise en communication avec le sol et l'autre avec une machine électrique. Le premier losange est donc électrisé par contact avec la machine : il jaillit une étincelle entre lui et le second, qui est par suite électrisé et qui envoie une étincelle sur le troisième, etc. ; toutes ces étincelles se produisant en même temps figureront un serpent lumineux enroulé sur le tube. — Dans le *carreau étincelant* (fig. 123), on a collé sur un carreau de verre une petite bande d'étain formant des zigzags du haut en bas ; on a ensuite enlevé l'étain en un certain nombre de pointes dont l'ensemble forme un dessin. Quand l'étincelle jaillit au même instant en tous ces points, le dessin est reproduit en traits de feu. — Il est important, pour la beauté du coup d'œil, de faire ces expériences dans l'obscurité.

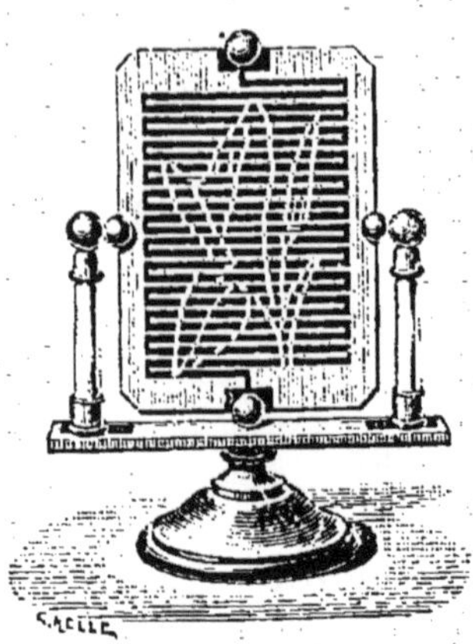

Fig. 123.
Carreau étincelant.

Étincelle électrique. — L'étincelle électrique a des formes variées (fig. 124), suivant les conditions de l'expérience.

Supposons d'abord que nous opérions dans l'air atmosphérique. L'étincelle a la forme d'un trait lumineux rectiligne si les conducteurs entre lesquels elle se produit sont très rapprochés. Mais si l'appareil est fortement électrisé, elle peut acquérir plus de $0^m,20$ de longueur ; elle se présente alors sous la forme de zigzags analogues à ceux des éclairs par les temps d'orage ; on explique cette forme irrégulière en admettant que cette étincelle est formée d'un certain nombre d'étincelles jaillissant en même temps entre les corpuscules matériels qui peuplent l'atmosphère ; ce serait un phénomène comparable à celui du tube ou du carreau étincelant.

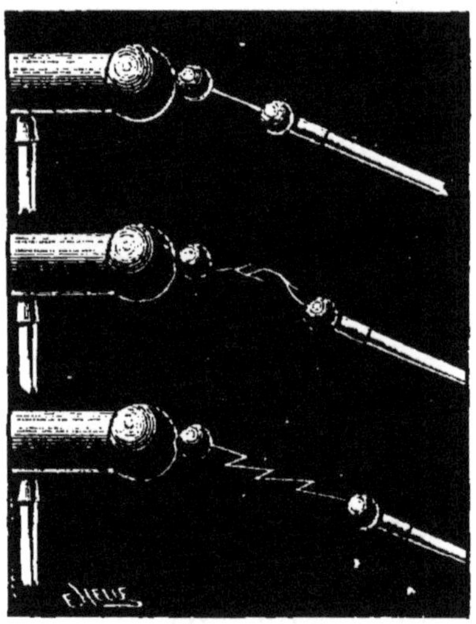

Fig. 124. — Étincelles électriques.

Quand il y a combinaison des électricités contraires à travers un gaz raréfié, l'étincelle n'est plus un trait lumineux, mais une large bande violacée à contours mal définis,
qui s'élargit d'autant plus que le gaz est plus rare. On peut le montrer au moyen de *l'œuf électrique* (fig. 125); c'est un gros œuf creux de verre, dont les deux bouts sont traversés par des tiges métalliques terminées en boule à l'intérieur; à l'extérieur, l'une est creuse et munie d'un robinet qui peut se visser sur la machine pneumatique et d'un pied reposant sur le sol, l'autre est en communication avec la machine électrique. Si on fait un vide partiel dans l'appareil, on aperçoit entre les deux tiges métalliques une large bande violette.

Aigrette.—Lorsqu'un conducteur électrisé présente une pointe, nous savons que son électricité s'écoule dans l'air par la pointe. Quand

Fig. 125. — Œuf électrique.

la charge du conducteur est grande, cet écoulement d'électricité détermine la production d'une petite aigrette lumineuse sur la pointe. On peut voir des aigrettes à toutes les pointes des peignes d'une machine électrique fonctionnant dans l'obscurité.

Le même phénomène se produit encore quand on approche d'un corps fortement électrisé une pointe métallique en communication avec le sol.

V. — EFFETS CHIMIQUES

Les effets chimiques des décharges sont des conséquences de la production de chaleur, comme les effets lumineux dus aux décharges conductives. On apprend en chimie que, sous l'influence de la chaleur, plusieurs corps peuvent se combiner entre eux, tandis que certains corps composés peuvent se séparer en leurs éléments. Les décharges électriques déterminant des dégagements brusques de chaleur, il est à prévoir qu'elles produiront des combinaisons et des décompositions chimiques. L'expérience vérifie ces prévisions.

Combinaisons chimiques. — Si on verse un peu d'éther dans une cuiller métallique tenue à la main et si on fait jaillir l'étincelle entre une machine électrique et les bords de cette cuiller, la vapeur d'éther entre en combinaison avec l'oxygène de l'air et tout le liquide s'enflamme.

On peut aussi enfermer dans une bouteille métallique B un mélange d'hydrogène et d'oxygène; dans une tubulure latérale est mastiquée à la cire d'Espagne (fig. 126) une tige métallique I qui traverse la paroi et qui est terminée par deux boules; la boule intérieure est voisine de la paroi opposée et la bouteille est tenue à la main. Si on approche la boule extérieure A d'une source d'électricité, du disque de l'électrophore, par exemple, la tige s'électrise par contact ou par étincelle, et l'étincelle jaillit entre la boule intérieure et la paroi, traversant ainsi une portion du mélange gazeux ; il en résulte une combinaison instantanée qui détermine la projection du bouchon *b* et une forte détonation. C'est l'expérience bien connue du *pistolet de Volta*.

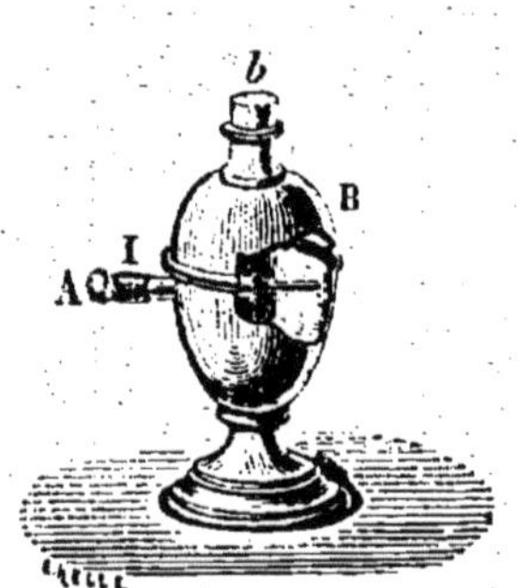

Fig. 126.
Pistolet de Volta.

Décompositions chimiques. —Au contraire, certains gaz composés se dissocient en leurs éléments sous l'influence d'une longue série d'étincelles électriques. Ainsi le gaz ammoniac se décompose lentement en azote et hydrogène quand il est traversé par un grand nombre d'étincelles. L'expérience peut se faire dans une éprouvette en verre dont le pied plonge dans le mercure ; le sommet de l'éprouvette est traversé par deux fils de platine aboutissant au voisinage l'un de l'autre à l'intérieur de l'éprouvette et communiquant à l'extérieur, l'un avec une source d'électricité, l'autre avec le sol ou avec une source d'électricité contraire. Cet appareil porte le nom d'*eudiomètre à mercure*.

CHAPITRE IV

Électricité atmosphérique

Existence de l'électricité dans l'atmosphère. — Imaginons un électroscope dont la boule supérieure est remplacée par une pointe verticale, et supposons qu'on place cet appareil en plein air, à une certaine distance au-dessus du sol : s'il existe des masses électriques en certaines régions de l'atmosphère au voisinage de l'électroscope, la partie métallique de l'appareil s'électrisera par influence, l'électricité de nom contraire sera attirée sur la pointe et s'écoulera dans l'air, l'électricité de même nom sera repoussée dans les feuilles d'or qui divergeront. L'expérience montre qu'il en est toujours ainsi, et cette divergence est surtout marquée pendant les temps orageux.

A l'intérieur des édifices, on ne constate pas ce phénomène. Cela ne doit pas nous étonner, car nous savons qu'à l'intérieur des corps conducteurs, il n'y a pas d'électricité ; on démontre même que, le conducteur fût-il électrisé, il ne produirait pas d'influence sur un corps placé à l'intérieur.

Ce sont les masses électriques réparties dans l'atmosphère, surtout sur les nuages par les temps d'orage, qui produisent le phénomène de la foudre.

Historique. — Depuis que l'on a imaginé de fortes machines électriques et que l'on a déchargé des batteries puissantes, on a été amené à identifier l'étincelle électrique, qui se produit sous une forme sinueuse et avec bruit, avec l'éclair qui jaillit entre deux nuées. Les effets des décharges des batteries sont du reste les mêmes, à l'intensité près, que les effets de la foudre.

C'est à Franklin qu'est due l'idée de vérifier directement que les nuages sont électrisés. Sur les indications de Franklin, Dalibard fit élever, en 1752, dans un jardin de Marly-la-Ville, une tige de fer verticale de quarante pieds de haut, terminée en pointe à son extrémité supérieure et portée par des supports isolants. Si les nuages sont électrisés, on devra constater sur cette tige de fer une électrisation par influence, comme nous l'avons dit tout à l'heure pour la pointe de l'électroscope. Il constata en effet que, dès que des nuages orageux venaient à passer au-dessus de la tige, il pouvait tirer de l'extrémité inférieure de cette tige de fortes étincelles au moyen d'un fil de cuivre en communication avec le sol.

Un mois plus tard, Franklin fit lui-même, aux environs de Philadelphie, une expérience dans le même but. Il lança un cerf-volant muni d'une pointe métallique et d'une corde de chanvre terminée par une grosse clef et fixée à un arbre par l'intermédiaire d'un cordon de soie isolant. Quand la corde de chanvre eût été rendue conductrice par la chute d'une pluie fine, la pointe métallique et la corde jouèrent le rôle de la tige de Dalibard, et Franklin put tirer de l'extrémité inférieure de la corde des étincelles longues de plusieurs pouces, avec lesquelles il pouvait charger des bouteilles de Leyde, enflammer de l'alcool, etc.

Enfin, en 1753, un magistrat de la petite ville de Nérac, de Romas, reprit l'expérience de Franklin, après avoir pris le soin de cordeler un fil de cuivre avec le chanvre pour former la queue du cerf-volant et la rendre ainsi meilleure conductrice. Cette corde était fixée par son extrémité inférieure à un cylindre métallique porté par des fils de soie. Quand des nuages orageux venaient à passer près du cerf-volant, on approchait de ce cylindre un autre cylindre métallique en communication avec le sol, tenu par un long manche de verre. De Romas obtint ainsi des étincelles qui atteignaient plus de trois mètres de longueur et qui produisaient un bruit entendu à une distance très considérable ; des brins de paille se précipitaient du sol vers le cylindre avec un crépitement continu.

Foudre. — Lorsqu'un nuage électrique vient au voisinage d'un autre nuage chargé d'électricité contraire ou à l'état neutre, il éclate entre eux une décharge électrique. Il en est de même quand un nuage électrisé vient au voisinage d'un

Fig. 127. — Eclair produit par la foudre.

point culminant du sol, comme un arbre, une tour, un monticule, etc. C'est ce qu'on appelle la *foudre*.

L'*éclair* est le phénomène lumineux produit par cette décharge (fig. 127) ; le *tonnerre* est le phénomène sonore, c'est-à-dire le bruit qui accompagne toute étincelle électrique.

Les éclairs se présentent sous diverses formes : tantôt ce sont des zigzags lumineux, tantôt des lueurs de contours indécis. Dans le premier cas, l'éclair n'est autre chose qu'une étincelle entre deux nuages, ou une série d'étincelles simultanées entre plusieurs nuages, comme dans le tube étincelant. Dans le second cas, ce sont des illuminations du ciel par des éclairs jaillissant soit au-dessous de l'horizon, soit par derrière des nuages opaques plus rapprochés de nous ; ou bien encore ce sont des décharges électriques se produisant à une grande hauteur dans l'atmosphère, dans des régions où l'air est peu dense et où, par conséquent, la combinaison des deux fluides détermine un phénomène analogue à celui de l'œuf électrique.

En général, le bruit du tonnerre se fait entendre un certain temps après qu'on a vu l'éclair. Ceci ne prouve pas que l'éclair et le tonnerre ne soient pas simultanés. La lumière de l'éclair arrive en effet à notre œil avec une rapidité extrême ; car on a pu constater que la lumière parcourt plus de trois cent mille kilomètres par seconde. Le son, au contraire, se propage avec une lenteur relative dans l'air : il met une seconde à parcourir environ trois cent quarante mètres. On conçoit donc que le phénomène lumineux et le phénomène sonore, quoique produits en même temps, n'impressionnent notre œil et notre oreille qu'à des instants différents.

Quant aux roulements du tonnerre, ils s'expliquent par ce fait que les étincelles simultanées, jaillissant entre une suite de nuages comme dans un tube étincelant de plusieurs kilomètres de longueur, sont à des distances très différentes de notre oreille ; les sons produits par ces étincelles n'arrivent donc à l'organe de l'ouïe que les uns après les autres. Ajoutons à cela que ces sons se trouvent encore prolongés par les échos dus aux objets qui nous environnent : ainsi, on peut remarquer que, dans les pays de montagnes, le roulement du tonnerre dure notablement plus longtemps qu'en plaine.

Effets de la foudre. — Les effets de la foudre sont de la même nature que ceux des puissantes décharges électriques ; ils n'en diffèrent que par leur intensité beaucoup plus grande.

Les effets mécaniques sont d'une violence qu'on a peine à concevoir. Lorsque la foudre tombe sur un arbre, elle le brise et le déchire en filaments ; parfois elle renverse le toit d'un bâtiment, elle arrache de grosses pierres des murs, elle troue d'épaisses plaques de verre, etc.

Nous venons de parler précédemment des effets lumineux.

Souvent la lumière des éclairs est si vive que l'œil en est fatigué pendant quelques instants.

La puissance calorifique de la foudre se traduit par la fusion ou même la volatilisation des corps conducteurs qu'elle frappe, comme les fils des sonnettes, les dorures des cadres des appartements.

Au point de vue chimique, elle agit sur les gaz de l'atmosphère pour en former des gaz composés ayant l'odeur que l'on sent au voisinage des grandes machines électriques en mouvement. Elle détermine la combustion à l'air des meules de paille ou d'autres corps inflammables et provoque ainsi des incendies.

Mais les effets qui nous intéressent le plus sont les effets physiologiques, c'est le *foudroiement* qui peut amener la paralysie et souvent la mort. On peut être foudroyé de deux façons, par *choc direct* ou par *choc en retour*. Le foudroiement par choc direct a lieu quand une décharge électrique se produit entre un nuage électrisé et une personne ou un objet quelconque; si le nuage est positif, l'influence électrique appelle le fluide négatif sur la tête ou la partie du corps la plus rapprochée du nuage et refoule le fluide positif dans le sol, et, quand la distance est devenue suffisamment petite, l'étincelle jaillit : il y a choc direct. Mais si, avant que la décharge se soit produite entre le nuage et le corps influencé, le nuage inducteur vient à perdre brusquement son électricité en se déchargeant sur un autre nuage ou sur un autre point du sol, il y a, à travers le corps, recombinaison du fluide attiré avec le fluide refoulé dans le sol : c'est le choc en retour.

Paratonnerres. — Un *paratonnerre* est un appareil destiné à ramener à l'état neutre les nuages électrisés qui s'en approchent et par suite à préserver de la foudre.

C'est une pointe métallique s'élevant au-dessus d'un édifice et dont l'extrémité inférieure est en communication intime avec le sol. Nous avons appris précédemment qu'une pareille pointe approchée d'un corps électrisé le ramène rapidement à l'état neutre (page 121).

La disposition actuelle des paratonnerres est la suivante :
une tige verticale de sept à neuf mètres de haut (fig. 128) est
amincie de la base à l'extrémité P; elle se termine par un cône
de cuivre rouge *a b* d'un angle d'environ 30°. La
base de la tige est un carré de six centimètres de
côté; elle est réunie à un conducteur qui descend
le long de l'édifice et va plonger dans un puits
en communication avec une grande masse d'eau
souterraine.

Ce conducteur est formé d'une suite de lames
de fer carrées de deux centimètres de côté, reliées
les unes aux autres par des boulons et une sou-
dure à l'étain. Il communique avec toutes les
grosses pièces métalliques de l'édifice : cette précaution permet aux fluides produits par l'influence dans ces pièces de se rendre l'un sur la
pointe du paratonnerre, l'autre dans le sol ; on
évite ainsi les décharges qui pourraient provenir
de ces masses métalliques. — Le conducteur se
ramifie à son extrémité inférieure au moment
d'entrer dans la nappe d'eau et se termine par des
plaques de tôle, afin de présenter avec l'eau
un contact plus parfait. — Il ne faudrait pas amener le
conducteur dans une citerne pleine d'eau : les parois imperméables à l'eau sont en effet médiocrement conductrices
de l'électricité ; la citerne formerait alors une immense bouteille de Leyde dont le paratonnerre serait l'armature interne
et le sol environnant l'armature externe, le ciment des parois
jouant le rôle de lame isolante. On créerait ainsi un très
grave danger. — Il est toujours insuffisant de se contenter
de plonger l'extrémité inférieure, même ramifiée, du conducteur d'un paratonnerre dans le sol; par les temps secs, en
effet, le sol n'est pas bon conducteur ; le paratonnerre se com-
porterait comme l'appareil de Dalibard et deviendrait plus
dangereux qu'utile.

Un édifice muni de paratonnerres est très rarement
frappé de la foudre, pourvu que le nombre de pointes, d'ail-

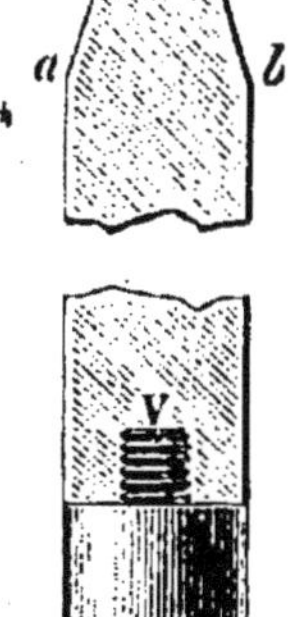

Fig. 128.
Pointe de
paratonnerre.

leurs réunies au même conducteur, soit suffisant. Les nuages sont ramenés à l'état neutre en raison de l'écoulement de l'électricité contraire par les pointes qui, dans la nuit, s'illuminent d'une aigrette [1]. Parfois cependant, quand l'orage est violent et que les nuages courent avec une grande rapidité, cet écoulement d'électricité se fait trop lentement pour que la neutralisation se produise. Alors, tantôt la foudre éclate et frappe le paratonnerre lui-même pour aller se perdre dans le sol ; il n'y a pas d'autres inconvénients que l'obligation de réparer le fil conducteur s'il a été détérioré, ou de remplacer la pointe de cuivre qui a pu fondre et couler comme une bougie. Tantôt, le nuage, qui vient de passer au-dessus du paratonnerre sans avoir donné lieu au phénomène de la foudre, va se décharger un peu peu plus loin sur les corps au voisinage desquels il arrive.

1. Ces aigrettes se produisent par les nuits orageuses aux sommets de toutes les pointes : le feu Saint-Elmo des mâts des navires n'est pas autre chose.

MAGNÉTISME

CHAPITRE I

Propriétés générales des aimants

Aimants naturels et artificiels.—Certains minerais de fer qui se rencontrent en quantité en Suède, en Norvège, au Japon, possèdent la propriété d'attirer le fer. Ces pierres noires (fig. 129) maintiennent adhérente la limaille de fer dans laquelle on les a roulées, soulèvent les clous au contact desquels on les a mises et en général exercent sur le fer des attractions qui se traduisent par des mouvements quand les morceaux de ce métal sont suffisamment mobiles. Cette propriété est appelée *propriété magnétique;* les corps de la nature, qui en sont pourvus, sont des *aimants naturels.* La cause inconnue qui produit ces phénomènes porte le nom de *magnétisme,* de même qu'on a donné le nom d'électricité à l'agent inconnu auquel sont dus les phénomènes électriques.

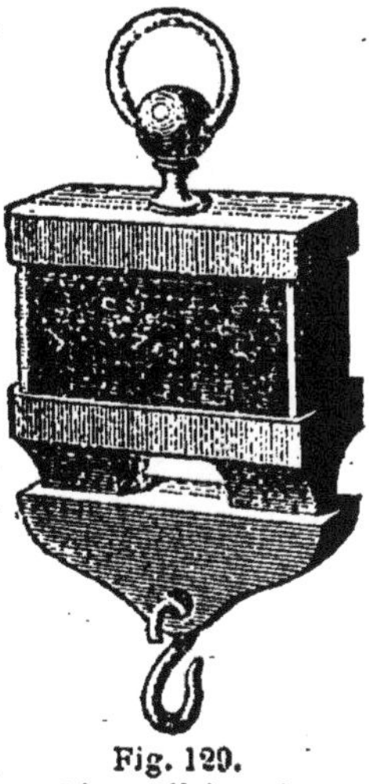

Fig. 129.
Pierre d'aimant
avec armature en fer.

La propriété magnétique peut être communiquée à des barreaux d'acier trempé, qui portent alors le nom d'*aimants artificiels.* Ces barreaux ont sur les aimants naturels l'avantage d'avoir une forme et des dimensions que l'on peut choisir à volonté. Ce sont les seuls qui soient employés utilement.

Substances magnétiques. — Le fer n'est pas le seul métal qui soit attiré par les aimants. Le nickel et le cobalt, qui présentent avec le fer des analogies chimiques si remarquables, jouissent aussi de la même propriété, mais à un degré moindre. Enfin, à l'aide d'aimants puissants, on a reconnu qu'un grand nombre d'autres substances subissent aussi une attraction de la part des aimants, mais les actions sont incomparablement plus faibles.

D'autre part, certaines substances sont repoussées par les aimants ; toutefois, la répulsion est toujours peu sensible. Le bismuth est le type de ces substances.

On peut dire, d'une façon générale, que tous les corps de la nature sont attirés ou repoussés par les aimants. Les premiers portent le nom de *substances paramagnétiques* ou simplement *magnétiques*, les seconds sont appelés *substances diamagnétiques*. Nous ne nous occuperons que des corps fortement paramagnétiques.

Réciprocité de l'action magnétique. — L'action attractive des aimants sur les substances magnétiques s'exerce aussi des substances magnétiques sur les aimants. Prenons, en effet, un aimant supporté par une chape de papier et un fil, et approchons-en un morceau de fer ; nous verrons l'aimant se diriger vers le fer. Il y a donc réciprocité entre les aimants et les substances magnétiques.

Pôles. — Lorsqu'on plonge un aimant artificiel dans de la limaille de fer, on constate que la propriété magnétique n'est pas distribuée uniformément sur tout le barreau d'acier. Elle paraît localisée uniquement vers les extrémités de ce barreau. Ces centres d'attraction portent le nom de *pôles* de l'aimant ; le milieu, qui n'agit pas sur la limaille, est la *ligne neutre*.

Le fait s'observe plus facilement encore de la façon suivante : on recouvre un aimant horizontal d'une feuille de

carton et, au moyen d'un tamis, on saupoudre ce carton de limaille de fer ; on produit ensuite quelques petits chocs pour per-
mettre aux grains de limaille de se placer dans la direction où ils sont attirés. On constate que tous ces grains de limaille se disposent suivant des courbes (fig. 130) qui aboutis-
sent toutes aux extrémi-

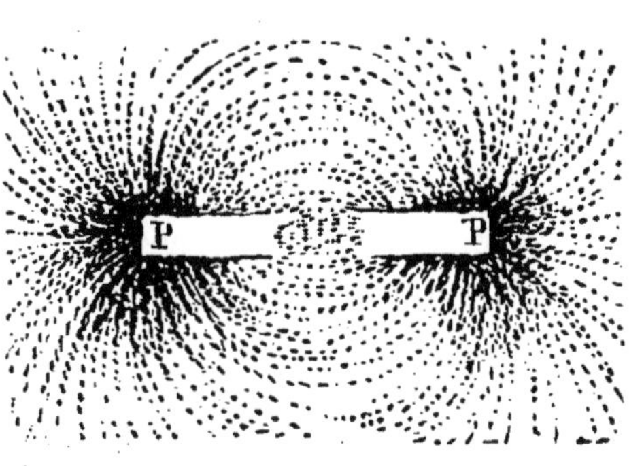

Fig. 130. — Spectre magnétique.

tés du barreau. La figure ainsi produite porte le nom de *spectre magnétique*.

Aiguille aimantée. — On étudie généralement les pro-
priétés des aimants à l'aide des *aiguilles aimantées*. Ce sont de petits aimants artificiels plats, ayant la forme de losanges très allongés (fig. 131) ; la petite diago-
nale est la ligne neutre ; les pôles sont vers les sommets des angles aigus. Une aiguille aimantée pré-
sente en son centre une petite cavité en agate par le fond de laquelle elle repose sur un pivot vertical ; elle peut ainsi se mou-

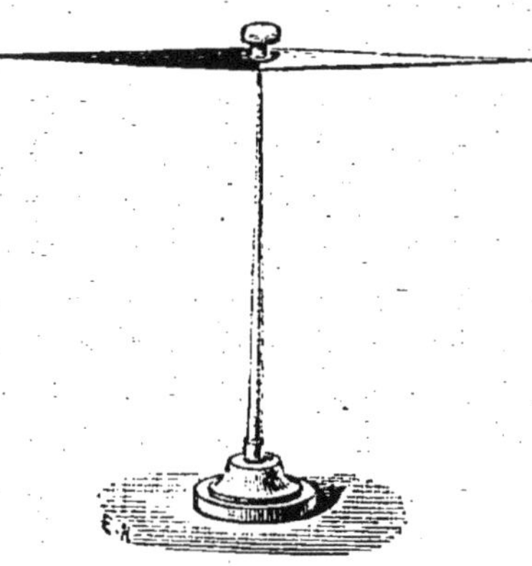

Fig. 131. — Aiguille aimantée.

voir librement dans un plan horizontal.

Deux espèces de magnétisme. — Les deux pôles d'un aimant ne sont pas de même nature. On peut le montrer de plusieurs manières :

1° On peut constater qu'une aiguille aimantée AB portée sur son pivot prend toujours la même direction, qui est approximativement la direction nord-sud. Or, c'est toujours le

même pôle A qui se dirige vers le nord; si on retourne l'aiguille bout pour bout pour mettre le pôle A vers le sud, elle revient d'elle-même à sa position primitive. Donc les pôles A et B, qui tous deux attirent le fer, ne sont pas identiques; le premier est appelé *pôle nord*, le second, *pôle sud*. Dans les aiguilles ordinaires, la moitié nord d'une aiguille est généralement colorée en bleu.

2° Si on approche successivement des deux pôles d'une aiguille aimantée le même pôle d'un autre aimant, on constate qu'il y a attraction d'un côté et répulsion de l'autre. Le magnétisme n'est donc pas le même dans les deux pôles de l'aiguille.

Actions mutuelles des pôles. — Plaçons à une certaine distance l'une de l'autre deux aiguilles aimantées sur leurs pivots; nous connaîtrons ainsi les pôles nord et sud de chacune d'elles. Prenons alors à la main l'une des aiguilles et approchons son pôle nord successivement du pôle nord et du pôle sud de l'autre; il y aura répulsion dans le premier cas et attraction dans le second. Ce sera l'inverse si nous présentons le pôle sud. De cette expérience on peut déduire les deux lois suivantes :

1° *Deux pôles de même nom se repoussent ;*
2° *Deux pôles de noms contraires s'attirent.*

Comparaison de l'action de la terre à celle d'un aimant. — Si on place un fort barreau sur une table et, au-dessus de lui, une aiguille aimantée sur son pivot, celle-ci prendra la direction de l'aimant et les pôles de noms contraires se mettront en regard. On peut assimiler l'action de la terre sur les aiguilles à celle d'un aimant placé au-dessous d'elles, puisqu'une aiguille prend toujours la même direction quand aucun aimant n'est au voisinage; les pôles de cet aimant terrestre seraient disposés en sens inverse de ceux de l'aiguille. Une étude plus complète des divers phénomènes magnétiques montre que tout se passe comme s'il existait en réalité au centre du globe, dans une direction peu différente de la ligne des pôles géographiques, un aimant puissant faisant sentir son action jusqu'à la surface de la terre.

Le pôle austral de la terre contiendrait du magnétisme de même nom que le pôle nord de l'aiguille; il en serait de même pour le pôle boréal de la terre et le pôle sud de l'aiguille. De là vient qu'on donne souvent le nom de *pôle austral* au pôle nord d'un aimant et le nom de *pôle boréal* au pôle sud. Ces dénominations sont regrettables, parce qu'elles sont en opposition avec leur signification habituelle.

CHAPITRE II

Influence magnétique

Phénomène général de l'influence. — Quand on place au voisinage d'un aimant un morceau quelconque d'une substance magnétique, cette substance s'aimante. C'est un phénomène analogue à l'électrisation par influence.

L'aimant ainsi produit par l'influence magnétique présente deux pôles. La région du métal influencé la plus voisine de l'aimant inducteur prend un magnétisme de nom contraire à celui du pôle le plus proche et la région la plus éloignée un magnétisme de même nom.

Aimantation temporaire du fer doux. — Si la substance magnétique employée est du fer pur, on peut constater que l'influence se produit instantanément dès qu'on l'approche de l'aimant influent, mais qu'elle cesse immédiatement quand on l'éloigne. Le fer doux joue donc en magnétisme le rôle des conducteurs isolés en électricité.

Ce fait peut se vérifier au moyen d'un petit barreau de fer doux. Assurons-nous d'abord qu'il n'attire pas la limaille, puis approchons-en un pôle magnétique : aussitôt la limaille adhère au fer. Mais vient-on à éloigner le pôle influent, immédiatement le barreau de fer laisse retomber la limaille qui y adhérait.

Aimantation permanente de l'acier. — L'acier trempé se comporte, au contraire, comme les corps mauvais conducteurs en électricité. Il s'aimante lentement et faiblement par influence quand on n'emploie pas certains artifces dont nous parlerons dans la suite. Mais, quand il est aimanté, on peut éloigner l'aimant inducteur, il gardera très longtemps, sinon indéfiniment, une fraction importante de l'aimantation communiquée par l'influence.

Attraction des corps neutres par les aimants. — L'attraction des substances magnétiques neutres par les aimants s'explique comme l'attraction électrique des corps légers non électrisés. Ces substances, au voisinage d'un pôle magnétique, s'aimantent par influence ; la région la plus voisine du pôle inducteur prend du magnétisme de nom contraire : il en résulte une attraction. Mais ici l'attraction ne sera jamais suivie d'une répulsion comme en électricité, parce que le magnétisme ne se communique pas par contact.

Influences d'ordre supérieur. — Lorsqu'un morceau de fer est aimanté par influence, il peut jouer à son tour le rôle d'aimant inducteur par rapport à un morceau de fer voisin. Ceci explique qu'un clou de fer suspendu à un aimant puisse soutenir un second clou, qui lui-même en porte un troisième, etc. Quand on détache le premier de l'aimant, tous les autres se séparent en même temps.

Hypothèse des fluides. — On peut grouper les phénomènes magnétiques, comme on l'a fait pour les phénomènes électriques, en admettant l'existence de deux fluides, austral et boréal : chacun d'eux attirera le fluide de nom contraire et repoussera le fluide de même nom. Le mélange de ces deux fluides en quantités égales produira du fluide neutre sans action magnétique.

L'aimantation des barreaux consistera simplement à séparer ces deux fluides. Mais les fluides magnétiques diffèrent des fluides électriques par ce fait qu'un même barreau contient toujours en même temps les deux fluides, le fluide austral à une extrémité, le fluide boréal à l'autre, tandis qu'en électricité il arrive souvent que l'un des deux fluides seulement se manifeste sur un corps.

Dans l'aimantation par influence du fer doux, le fluide neutre est décomposé instantanément par l'action du pôle magnétique inducteur, mais se reforme avec la même rapidité dès que l'aimant inducteur a été éloigné. C'est le cas des corps conducteurs induits en électricité. — Le cas des corps isolants se retrouve ici dans l'acier trempé, qui présente à la séparation et à la recombinaison des fluides magnétiques une grande résistance nommée *force coercitive*.

Hypothèse des aimants particulaires. — L'hypothèse des fluides n'est plus guère en usage aujourd'hui. On peut imaginer que, dans un morceau de fer ou d'acier, toutes les molécules sont de petits aimants possédant chacun un pôle austral et un pôle boréal à ses extrémités. Quand le métal est à l'état neutre, tous ces aimants particulaires ont des directions quelconques, de sorte que rien ne distingue une portion quelconque de ce métal et qu'il ne se manifeste aucune action extérieure. Aimanter un barreau consisterait à diriger tous ces petits aimants dans le même sens, et l'aimantation atteindrait le maximum de sa valeur possible quand on aurait rendu tous ces petits aimants parallèles entre eux, les pôles nord d'un même côté. Il se constituerait alors dans le métal ce que l'on a appelé des *filets magnétiques*, c'est-à-dire des filets d'aimants particulaires placés bout à bout, de telle façon que le pôle austral de l'un et le pôle boréal du voisin soient au contact et se neutralisent pour toute action extérieure; les deux extrémités du filet auraient seules leurs pôles libres. Un aimant ne serait ainsi qu'un faisceau de filets magnétiques ayant tous leurs pôles de même nom du même côté. Comme, d'autre part, les pôles de même nom se repoussent entre eux, on conçoit que, dans un barreau, les filets magnétiques ne soient pas parallèles; ils forment un faisceau qui s'épanouit en gerbe aux deux extrémités; les pôles des filets s'étalent donc non seulement sur les deux bases du barreau, mais encore sur les faces latérales au voisinage de ces bases.

Les aimants particulaires sont mobiles autour de leur centre et sont maintenus dans leur position normale, quand

le métal n'est pas aimanté, par les actions des molécules environnantes, actions qui ne sont autres que les forces d'élasticité. Pour aimanter un morceau de fer ou d'acier, il faut
donc que l'action magnétique due au pôle inducteur fasse
tourner ces aimants particulaires autour de leur centre pour
porter tous les pôles nord du même côté et les pôles sud du
côté opposé. — Dans le fer, il suffit d'une action inductrice
faible pour déterminer une rotation plus ou moins grande;
mais, dès que l'action inductrice a cessé, les forces d'élasticité
agissant seules ramènent les molécules dans leur position
initiale et par suite le barreau à l'état neutre. — Dans l'acier
trempé, il existerait un certain frottement intermoléculaire
qui fait que l'orientation des aimants particulaires se produit
moins facilement et moins complètement que dans le fer : ce
frottement serait la *force coercitive;* mais il agit de même
pour empêcher, au moins partiellement, les molécules de revenir à leur position normale quand l'influence a cessé : d'où
l'aimantation permanente de l'acier.

CHAPITRE III

Magnétisme terrestre

Déclinaison. — Prenons une aiguille aimantée assujettie
à se mouvoir dans un plan horizontal. Nous savons qu'elle
prend toujours la même direction, voisine de la direction
nord-sud. Le plan passant par la verticale du lieu et par les
pôles de cette aiguille est
ce qu'on appelle le *méridien magnétique* du lieu où
se trouve l'aiguille.

Or on peut constater
que le méridien magnétique d'un lieu n'a pas
exactement la direction
nord-sud (fig. 132); la
moitié australe de l'aiguille
aimantée fait avec la direction du nord géographique un certain angle que l'on appelle
la *déclinaison* en ce lieu. La déclinaison est *occidentale* ou *orientale*, suivant que cette moitié australe de l'aiguille se porte à
l'ouest ou à l'est de la ligne nord-sud.

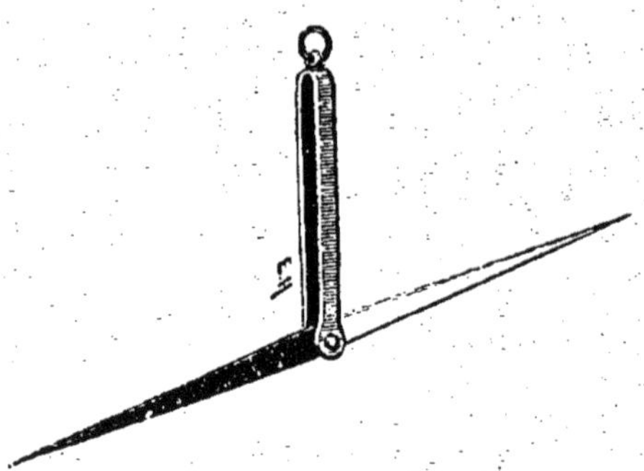

Fig. 132. — Déclinaison.

La déclinaison n'est pas la même aux différents lieux de
la terre. Elle est occidentale en certaines régions, orientale
en d'autres, et sa grandeur varie d'un point à un autre. On
a construit des tables donnant les valeurs de la déclinaison
aux différents points de la surface du globe.

De plus, en un lieu donné, elle subit des variations dont
les unes sont régulières, les autres irrégulières ou accidentelles. Ainsi, dans une même journée, l'extrémité australe de

l'aiguille se porte de quelques minutes vers l'ouest jusqu'à l'heure du maximum de température, pour revenir en sens contraire jusqu'au soir ; elle reste à peu près immobile pendant la nuit : les écarts portent le nom de *variations diurnes*. Ils sont plus considérables pendant la saison chaude que pendant l'hiver. — En évaluant la déclinaison moyenne de chaque année en un lieu et comparant les déclinaisons moyennes d'un grand nombre d'années consécutives, on constate une variation dite *variation séculaire*. Ainsi à Paris, en 1580, époque à laquelle furent faites les premières déterminations, la déclinaison était orientale et égale à 11° 30′ ; les années suivantes elle a diminué, jusqu'à devenir nulle en 1663 ; à partir de ce moment elle a été occidentale, a atteint un maximum égal à 22° 34′ en 1814 ; elle n'était plus que de 16°15′ au 1ᵉʳ janvier 1885.

Inclinaison. — Imaginons maintenant une aiguille aimantée mobile dans un plan vertical autour d'un axe horizontal passant par son milieu. En général, cette aiguille ne se mettra pas horizontale, elle fera un certain angle avec l'horizon (fig. 133). Si le plan vertical dans lequel elle se meut est le méridien magnétique du lieu, on appelle *inclinaison* en ce lieu l'angle aigu que fait la moitié australe de l'aiguille avec la ligne horizontale menée dans le plan du méridien magnétique.

L'inclinaison magnétique n'est pas la même aux différents lieux de la terre. A peu près nulle à l'équateur, elle va en croissant à mesure qu'on se rapproche des régions polaires. Dans l'hémisphère nord, la moitié australe de l'aiguille pointe vers le sol, tandis que, dans l'hémisphère sud, elle s'élève au-dessus du plan horizontal. Il existe deux points, vers les pôles géographiques, où l'aiguille d'inclinaison se met verticale.

Fig. 133.
Inclinaison.

L'inclinaison en un même lieu change aussi d'année en année. Ainsi, en 1671, elle était de 75° à Paris ; elle décroît depuis cette époque ; au 1er janvier 1885, elle était descendue à 65° 18 .

Boussole. — La *boussole* est une aiguille aimantée mobile dans un plan horizontal autour d'un axe vertical ; les extrémités de l'aiguille se déplacent au-dessus d'un limbe gradué. Pour que l'aiguille aimantée reste horizontale malgré la force qui tend à produire l'inclinaison, on compense cette force en rendant plus légère la partie de l'aiguille qui pointerait vers le sol si elle était suspendue par son centre de gravité.

Si l'on connaît la déclinaison actuelle en un lieu, il suffit d'observer la position d'équilibre de l'aiguille pour s'orienter. En effet, le diamètre du limbe qui fait avec l'aiguille, du côté convenable (à l'est pour Paris actuellement), un angle égal à la déclinaison, a la direction nord-sud.

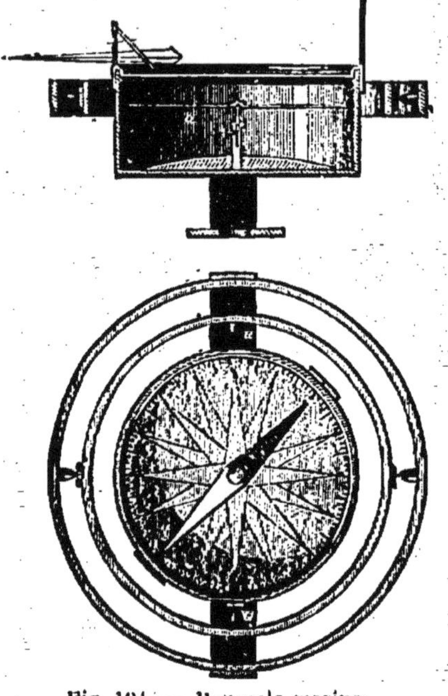

Fig. 134. — Boussole marine.

La boussole d'arpenteur, avec une disposition semblable, permet de mesurer l'angle que fait une ligne d'un terrain avec le méridien magnétique, d'où on déduit l'angle qu'elle fait avec la direction nord-sud. On pourra ainsi orienter sur une carte les côtés d'un terrain, les sinuosités d'une rivière, etc.

Mais c'est surtout en mer que la boussole rend de grands services, en permettant de maintenir constamment le navire dans la direction voulue. La *boussole marine* (fig. 134) est suspendue de façon à rester horizontale malgré le roulis et le tangage. Une boîte fixe hémisphérique porte, à l'intérieur, un anneau concentrique mobile autour d'un premier axe diamétral tt : cet anneau porte la boussole, mobile par rapport à l'anneau autour d'un deuxième axe diamétral uu perpendiculaire au premier : c'est le mode de suspension *à la Cardan*. Nous savons que la verticale passant par le centre de gravité de la boussole se mettra toujours dans un plan vertical passant par chacun des axes de suspension; cette verticale rencontrera donc l'intersection de ces deux axes, et par suite coïncidera avec l'axe de figure de l'appareil. Donc cet axe de figure sera vertical, et l'aiguille se mouvra certainement dans un plan horizontal. La boussole est placée à l'arrière, sous les yeux du marin employé au gouvernail. Sa boîte porte une ligne fixe, dans la direction de l'axe du navire : c'est la *ligne de foi*. Quand on sait approximativement la valeur de la déclinaison au lieu où l'on se trouve, on voit immédiatement sur le cadran de la boussole quelle est la direction géographique nord-sud; si la ligne de foi ne fait pas avec cette direction l'angle voulu pour la route à suivre, le timonnier agit sur le gouvernail.

CHAPITRE IV

Procédés d'aimantation

Il existe un certain nombre de moyens pour communiquer la propriété magnétique à des barreaux d'acier trempé. Nous ne parlerons ici que des procédés d'aimantation reposant uniquement sur l'emploi des aimants.

Simple touche. —Le procédé de la *simple touche* consiste à frotter, toujours dans le même sens, la tige que l'on veut aimanter contre l'un des pôles d'un aimant (fig. 135). On peut constater qu'il se forme, à l'extrémité de la tige qui touche la dernière le pôle du barreau, un pôle de nom contraire. — Cette méthode n'est applicable qu'aux petites tiges d'acier.

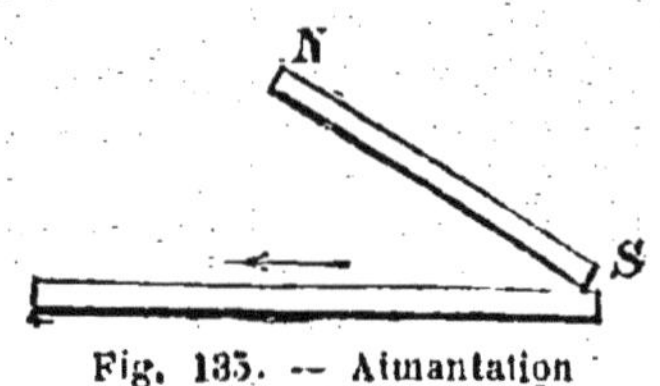

Fig. 135. -- Aimantation par simple touche.

Touche séparée. — On peut placer le barreau à aimanter sur une table, apporter en son milieu les pôles contraires de deux aimants et les éloigner en même temps chacun vers l'extrémité la plus proche (fig. 136). En recommençant un certain nombre de fois cette opération, on obtient un barreau plus fortement aimanté que par la méthode précédente.

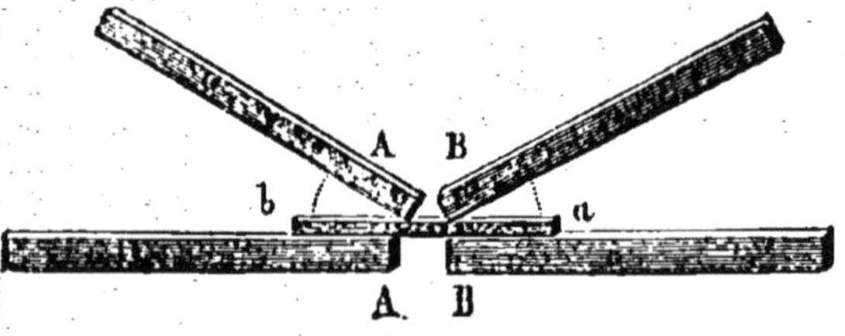

Fig. 136.
Aimantation par touche séparée.

On augmente encore cette aimantation en faisant reposer le barreau, non pas directement sur la table, mais sur deux pôles magnétiques contraires, chacun d'eux étant semblable au pôle mobile du dessus.

Double touche. — Æpinus prenait une disposition identique à la précédente ; toutefois, les deux pôles mobiles N, S étaient séparés par une large cale en bois. Il frottait alors à partir du milieu avec l'ensemble des deux pôles et de la cale, vers *n*, puis de *n* vers *s*, de *s*

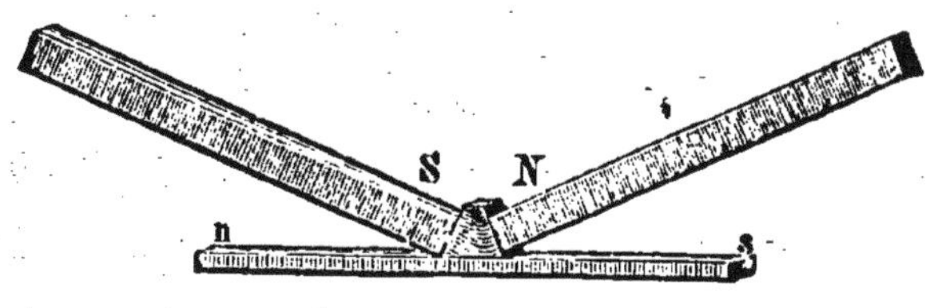

Fig. 137.
Aimantation par double touche.

vers *n*, etc., en s'arrêtant finalement au milieu et faisant en sorte que les deux moitiés du barreau aient subi le même nombre de frictions.

Ce procédé est le plus énergique. Toutefois, si l'on n'opère pas avec beaucoup de soin, il peut se présenter des irrégularités dans la position des pôles.

Faisceaux magnétiques. — Pour qu'un barreau d'acier puisse acquérir une puissante aimantation, il est nécessaire qu'il ait été au préalable fortement trempé, c'est-à-dire porté au rouge, puis refroidi brusquement par immersion dans un liquide froid. Lorsque le refroidissement n'est pas brusque, la trempe n'a pas lieu. Or si on opère sur un barreau d'acier de grande section, il n'y a que les portions superficielles du métal qui subissent la trempe, les couches profondes ne se refroidissant que plus lentement. Aussi, dans un aimant de grande section, l'aimantation n'existe-t-elle qu'à la surface.

Pour aimanter plus complètement une masse donnée d'acier, on commence par la réduire en un certain nombre de lames peu épaisses, on trempe et on aimante chacune d'elles séparément, puis on en forme un faisceau en les reliant entre elles, les pôles de même nom du même côté.

L'aimant composé ainsi obtenu est beaucoup plus puissant que l'aimant simple de même grandeur qu'on aurait pu former dans les mêmes conditions en trempant d'un bloc et aimantant toute la masse d'acier.

Conservation des aimants. — Quel que soit le procédé d'aimantation employé, il revient toujours, dans la théorie des fluides, à la séparation des fluides austral et boréal. Mais ces fluides une fois séparés, ils s'attirent entre eux et tendent à détruire par leur combinaison la propriété magnétique. Ce phénomène ne se produit que très lentement, puisque l'acier est mauvais conducteur des fluides magnétiques.

Pour empêcher cette désaimantation spontanée, on place parallèlement deux aimants égaux dans une boîte en bois, en les séparant par une lame de bois, les pôles de noms contraires en regard. Puis on applique une petite *armature* de fer doux contre les deux pôles contraires de chaque bout; ces armatures s'aimantent par influence, les actions des deux pôles qu'elles touchent concordant entre elles; les fluides développés par influence attirent fortement les fluides voisins et les maintiennent ainsi aux extrémités de ces barreaux. Lorsqu'un barreau a la forme d'un fer à cheval, il suffit de lui appliquer une armature contre les deux pôles placés au voisinage l'un de l'autre.

Dans la théorie des aimants particulaires, l'importance des armatures en fer doux se met en évidence par un raisonnement analogue. Dans ces armatures, les filets magnétiques produits par influence viennent aboutir à peu près perpendiculairement à la surface du contact avec les aimants; les pôles de chaque armature agissent pour maintenir l'orientation des molécules des aimants, orientation qui tendrait à disparaître peu à peu sous l'action des forces d'élasticité aidées par les trépidations du sol, et aussi, dans certains cas, sous l'action de l'aimant terrestre.

PROBLÈMES

1. — Quelle est la hauteur d'un édifice tel qu'une pierre met 4 secondes à tomber du sommet à la base? On sait que cette pierre parcourt un espace de $4^m,9$ pendant la première seconde.

2. — Quel est le temps nécessaire à un corps pour tomber d'une hauteur de 1,000 mètres? On admettra que pendant la première seconde de chute l'espace parcouru est de 5 mètres.

3. — Quel est l'espace parcouru pendant la première se-seconde par un corps qui tombe du haut d'une tour de $22^m,05$ en 3 secondes?

4. — Trouver en grammes le poids d'un corps dont le volume est de $2^{mc},5$ et dans le poids spécifique est égal à 4.

5. — Quel est le poids spécifique d'un liquide dont le volume est de 2 litres et le poids de 15 hectogrammes?

6. — On demande le volume d'une masse de fonte dont le poids est de 3.500 kilogrammes et dont la densité est égale à 7.

7. — On demande la grandeur du fond plan et horizontal d'un vase plein de mercure, de hauteur égale à 1 décimètre 1/2, sachant que ce fond supporte de la part du mercure une pression égale à $20^k,4$ et que la densité du mercure est égale à 13,6.

8. — On introduit dans un liquide un corps solide composé de deux parties égales dont l'une a pour densité 1,4 et l'autre 2,6. On demande quelle peut être la densité du liquide : 1° pour que le corps solide remonte à la surface ; 2° pour qu'il tombe au fond.

9. — Un corps solide flotte sur un liquide d'une densité

égale à 1,5 et les $\frac{2}{5}$ du solide émergent de la surface du liquide. On demande le poids spécifique du solide.

10. — Un corps dans le vide a un poids de 2^k,562 ; dans l'eau à 4°, son poids n'est plus que de 1^k,012. Quel est son volume en centimètres cubes ?

11. — Une pierre d'une densité égale à 3 a dans le vide un poids de 22^g,5 ; on la suspend à un fil sous le plateau d'une balance, on la pèse plongée dans un liquide et on trouve que son poids est alors 13^g,5. Quel est le poids spécifique de ce liquide ?

12. — On a construit un baromètre dans lequel le liquide est de l'acide sulfurique concentré dont la densité est 1,84 ; la colonne de liquide dans le baromètre est égale à 5^m,5. Quelle est la valeur de la pression atmosphérique évaluée en grammes ?

13. — Le piston d'une machine pneumatique sans espace nuisible est au bas de sa course ; le volume de l'air enfermé sous la cloche et dans le tuyau est de 10 litres et sa force élastique est de 71 centimètres de mercure. Quand on a soulevé le piston jusqu'au haut de sa course, la force élastique est descendue à 60 centimètres. Quel est le volume du corps de pompe ?

14. — Dans le récipient d'une machine de compression d'une capacité de 6 litres, il y a de l'air à la pression de 150 centimètres ; le corps de pompe, dans lequel le piston est au haut de sa course, a une capacité de 2 litres, et la force élastique de l'air qu'il contient est de 78 centimètres. On demande la pression dans le récipient quand on y aura fait passer tout l'air du corps de pompe en amenant le piston au bas de sa course.

15. — Un petit ballon en baudruche, plein d'hydrogène, a son enveloppe pesant 1^g,920 dans le vide ; le volume de ce ballon est de 2 décimètres cubes. On demande la force ascensionnelle de ce ballon dans l'air ; on sait qu'un mètre cube d'air pèse 1.300 grammes et un mètre cube d'hydrogène 90 grammes.

16. — Un thermomètre Fahrenheit marque 122°. Trouver par quels nombres serait représentée la même température : 1° en degrés centigrades ; 2° en degrés Réaumur.

TABLE DES MATIÈRES

PESANTEUR

CHAPITRE I

CHAPITRE II

Poids. — Balance. — Poids spécifique

CHAPITRE III

Hydrostatique des liquides

CHAPITRE IV

Hydrostatique des gaz

CHAPITRE V

Pompes à gaz et à liquides

CHAPITRE VI

Principe d'archimède pour les gaz

CHALEUR

CHAPITRE UNIQUE

ÉLECTRICITÉ STATIQUE

CHAPITRE I

Phénomènes généraux

CHAPITRE II

Influence ou induction électrostatique

CHAPITRE II

Influence Magnétique

CHAPITRE III

Magnétisme Terrestre

CHAPITRE IV

Procédés d'Aimentation

www.ingramcontent.com/pod-product-compliance
Ingram Content Group UK Ltd.
Pitfield, Milton Keynes, MK11 3LW, UK
UKHW020200130726
13696UKWH00002B/623